Logiche PLC e schermate HMI

per

l'automazione di Motori Elettrici

Un approccio pratico al monitoraggio e controllo dei motori elettrici
con l'utilizzo del linguaggio IEC 61131-3 Ladder Logic

RICETTE DI AUTOMAZIONE - Quaderno 1

terza edizione

Rosario Cirrito

Diritti d'autore

Tutti i diritti d'autore sono riservati. Nessuna parte di questa pubblicazione può essere riprodotta, memorizzata in un sistema di recupero, o trasmessa, in qualsiasi forma o con qualsiasi mezzo, elettronico, meccanico, fotocopie, registrazione o altro, senza la preventiva autorizzazione dell'autore.

È stato fatto ogni sforzo per rendere questo libro il più accurato possibile, tuttavia, potrebbero esserci errori, sia di battitura che tipografici. Questo contenuto dovrebbe essere usato come guida, essendo il risultato di una trentennale esperienza dell'autore come progettista e sviluppatore di sistemi PLC - HMI - SCADA.

Suggerimenti, commenti e richieste di spiegazioni o di maggiori dettagli sono i benvenuti; per favore inviate le vostre richieste all'indirizzo mail: **author.rosario.cirrito@gmail.com**.

Nota: questo libro contiene molte immagini. Poiché gli eReader non sempre sanno visualizzare bene le immagini, vorrei fornirvi il file PDF che contiene questo libro in modo che le immagini siano più facilmente visualizzabili.

Per ricevere la versione PDF di questo libro, basta inviare una email di richiesta a author.rosario.cirrito@gmail.com allegando la dimostrazione di acquisto della versione kindle del libro presso Amazon. La versione PDF sarà inviata via email, in risposta, alla vostra casella di posta elettronica.

In maniera analoga è possibile ottenere il file sorgente nonché il listato integrale dell'esempio concreto inviando una richiesta con le stesse modalità sopra-enunciate.

Codice ISBN: 9781980894667

Casa editrice: Pubblicazione indipendente

Prima edizione: 21/04/2018

Seconda edizione: 18/05/2020

Terza edizione: 16/10/2020

Sinossi

Questo quaderno è il **primo** di una collezione di **ricette di automazione** rivolte a **studenti, periti tecnici ed ingegneri**, in possesso di conoscenze elementari della programmazione con il binomio PLC-HMI, desiderosi di apprendere tecniche avanzate di automazione impianti.

Nella moderna programmazione si tende ad utilizzare il più possibile soluzioni standard collaudate per problematiche frequentemente ricorrenti. Tale soluzioni possono quindi essere "riusate" innumerevoli volte sempre con la certezza di non commettere errori e riducendo sensibilmente i tempi di sviluppo.

In questo quaderno vengono illustrate le logiche PLC e le schermate HMI di una **ricetta di automazione**, caratterizzata da una quasi **universale applicabilità**, essendo rivolta alla automazione dei **"motori elettrici"**. La ricetta è ottimizzata per il dialogo con un eventuale computer di supervisione Scada, Supervisory Control and Data Acquisition, realtà sempre più presente nei sistemi moderni di automazione.

In dettaglio nel **primo capitolo**, dedicato al **dominio applicativo**, vengono illustrate le caratteristiche funzionali del motore elettrico asincrono trifase nonché i componenti del blocco di avviamento motore ubicati all'interno del quadro di potenza: sezionamento, protezione contro cortocircuito, protezione contro le correnti di sovraccarico e comando. Viene quindi mostrato il **corretto interfacciamento** degli **"avviatori"** agli ingressi e uscite del **PLC**. Viene quindi descritto il sistema piramidale di automazione: sensori e attuatori del livello campo, controllore PLC, interfaccia HMI e supervisione SCADA.

Con il **secondo capitolo**, esauriti gli aspetti propedeutici, si entra nel pieno dello **sviluppo del software applicativo** con la descrizione dei concetti della programmazione modulare e della mappatura interna della memoria del PLC. Segue la **descrizione dettagliata della ricetta** ElectricMotor sia per quanto riguarda la **logica del blocco funzione** UDFB che le singole **schermate HMI**, di monitoraggio e comando locale.

Per rendere più incisivo l'apprendimento, il **terzo capitolo** mostra un **esempio pratico** di utilizzo della ricetta all'interno di un sistema per l'**automazione di una stazione di sollevamento di acque reflue** equipaggiata con due elettropompe sommergibili gemellate. Vengono a tal fine analizzate singolarmente le subroutine **Init, ScadaCmd, VirtualDI, SewagePumps, VirtualDO, Alarms** richiamate sequenzialmente dal programma principale "main" nonché il blocco funzione **Mot2Seq** per il sequenziatore gemellare.

Per la parte grafica vengono illustrati tutti i controlli grafici che compongono la schermata iniziale **MENU** da cui inizia la navigazione verso le altre schermate: **SYSTEM** per la visualizzazione sinottica, **STATUS** per il monitoraggio, **OPERAT** per il comando locale, **HOURS** per le ore di lavoro e gli avviamenti, **CONFIG** per variare i setpoint e **DEBUG** per il test funzionale globale.

Il quarto capitolo, introdotto con la terza edizione, illustra l'evoluzione della ricetta base ElectricMotor nella gestione di macchinari, sempre azionati da motori elettrici, ma con una maggiore complessità sia in termini di ulteriori sicurezze acquisite in ingresso che di uscite utilizzate non solo per l'avviamento/arresto del macchinario ma anche per la modulazione della sua capacità con treno di impulsi. Vengono illustrati i blocchi funzione **Screw,** evoluzione di ElectricMotor, **Ctrl3P** per la regolazione a 3 punti, SecFlipFlop per generare treni di impulsi, e la subroutine **SolParz** per la gestione della parzializzazione.

Il quinto capitolo conclude con una breve illustrazione degli altri cinque quaderni che compongono la collana.

Tutte le logiche PLC e le schermate HMI sono state sviluppate e testate usando il linguaggio standard IEC61131-3 Ladder dell'ambiente di sviluppo Horner Cscape ver.9.6. Esse sono facilmente adattabili, pur con qualche piccola modifiche di terminologia, su tutti i moderni PLC. Il lettore che ha già una qualche esperienza di PLC e HMI può quindi tranquillamente continuare a usare l'ambiente di sviiluppo che meglio conosce.

Indice generale

Diritti d'autore 2
Sinossi 3
1. Il dominio applicativo 6
   1.1 L'azionamento dei motori elettrici 7
   1.2 Il sistema piramidale di automazione 14
2. La programmazione PLC - HMI 28
   2.1 La programmazione modulare e la mappatura della memoria 29
   2.2 Il blocco funzione Electric Motor 33
   2.3 L'interfaccia HMI per ElectricMotor 45
3. Un esempio concreto 54
   3.1 La stazione di sollevamento acque reflue 55
   3.2 La subroutine Init 57
   3.3 La subroutine ScadaCmd 60
   3.4 La subroutine VirtualDI 62
   3.5 Il blocco funzionale Mot2Seq 66
   3.6 La subroutine SewagePumps 73
   3.8 La subroutine Alarms 81
4. Automazione di unità complesse 84
   4.1 Il dominio applicativo compressore a viti 84
   4.2 La subroutine VirtDI complessa 85
   4.3 La subroutine VirtDO complessa 86
   4.4 La subroutine Screw 87
   4.5 Il blocco funzione per Regolatore a 3 punti 92
   4.6 Il blocco funzione generatore treno di impulsi 93
   4.7 La subroutine per la gestione parzializzazione 94
5. Conclusioni 97

1. Il dominio applicativo

1.1 L'azionamento dei motori elettrici

La maggior parte dei componenti degli impianti quali pompe, ventilatori, compressori, sono accoppiate a motori elettrici del tipo **asincrono trifase**. Si tratta di una macchina rotante molto semplice e robusta messa a punto, nel secolo scorso, in maniera indipendente, da Galileo Ferraris e da Nikola Tesla, e di cui è mostrata un esempio in fig.1.1.1:

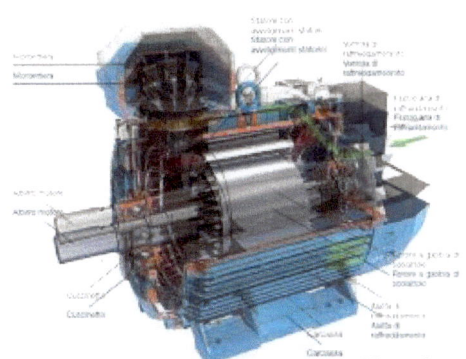

Il motore è composto da due parti distinte: lo **statore** (fisso) ed il **rotore** (rotante). Il principio di funzionamento è basato sulla **produzione di un campo magnetico rotante** ottenuto facendo percorrere le bobine fisse dello statore da corrente alternata trifase. Queste bobine dette anche avvolgimenti, sono sfalsate tra loro fisicamente ed elettricamente di 120°. In dettaglio lo statore è costituito da una carcassa metallica su cui viene fissata una corona di lamierini in acciaio speciale, provvisti di apposite scanalature. Gli avvolgimenti elettrici in rame sono ripartiti all'interno di queste scanalature. Il loro insieme è definito "avvolgimento statorico" ed è costituito da tanti circuiti indipendenti quante sono le fasi dell'alimentazione (nel motore trifase sono quindi tre). Il rotore costituisce invece la parte mobile del motore, è collocato all'interno dello statore ed è costituito da un cilindro, formato da lamierini d'acciaio impilati, calettato su un albero anch'esso cilindrico.

Le tipologie principali di avviamento del motore sono due: **avviamento diretto a piena tensione** e **avviamento a tensione ridotta** con commutazione stella-triangolo.

L'avviamento diretto alimenta il motore con tensioni pari a quelle concatenate tra fase e fase (ad es: 380 Vca). Ciò assicura una coppia di spunto elevata, ma d'altra parte genera all'avviamento un picco di **corrente assorbita notevole, pari a circa 4-8 volte, la corrente nominale** di funzionamento. Il motore sviluppa tutta la sua coppia a vantaggio di un minore tempo di accelerazione tuttavia la elevata corrente di spunto crea una caduta di tensione sulle linee elettriche mal tollerata dagli altri carichi collegati alla rete.

L'avviamento a tensione ridotta, corrispondente alla tensione tra fase e neutro (ad es. 220 Vca), è ottenuto con la **commutazione stella - triangolo** realizzata collegando gli avvolgimenti del motore secondo lo schema elettrico mostrato in figura 1.1.2.

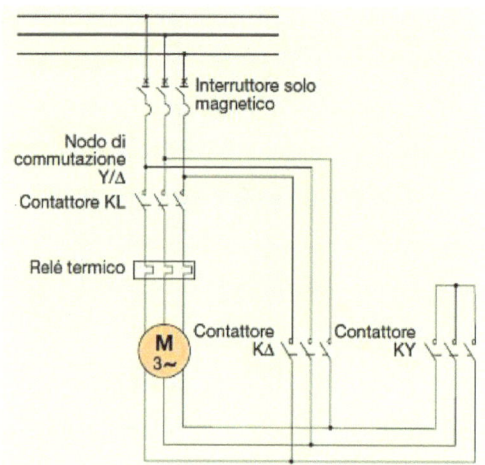

All'avviamento vengono chiusi il contattore di linea KL e quello di stella KY; i morsetti di uscita del motore sono collegati tra loro a formare un neutro virtuale e la tensione a cui sono sottoposti gli avvolgimenti del motore è quella di fase. Dopo una decina di secondi, il contattore di stella viene aperto e dopo qualche millisecondo viene chiuso quello di triangolo, il che permette di alimentare il motore a piena tensione.

Il principale vantaggio di questo sistema di avviamento è il modesto spunto di corrente assorbita all'avviamento. Un deciso svantaggio deriva tuttavia dalla bassa coppia di avviamento, pari a circa 1/3 della coppia che si ottiene con l'avviamento diretto; a questo si aggiunge l'interruzione momentanea dell'alimentazione nella fase di commutazione. Nel caso di pompe e ventilatori l'inerzia meccanica del rotore è relativamente modesta per cui una minore coppia di avviamento è perfettamente tollerabile. Per macchinari con inerzia meccanica maggiore quali ad esempio i compressori alternativi o a viti si deve fare in modo di parzializzare al minimo la macchina all'avviamento per evitare l'ulteriore sollecitazione dello sforzo di pompaggio.

La **commutazione stella-triangolo** viene preferibilmente ottenuta **direttamente per via elettromeccanica,** utilizzando un temporizzatore per commutazione stella-triangolo quale quello mostrato in figura 1.1.3. e non attraverso la logica del PLC.

Il motivo è che, anche in caso di guasto del PLC, deve essere comunque possibile avviare lo stella-triangolo, agendo manualmente su un selettore AUT-0-MAN, o 1-0-2, posto su fronte-quadro, simile a quello mostrato in figura 1.1.4.

Per approfondire l'argomento dell'avviamento dei motori elettrici è necessario introdurre i **blocchi partenza motore** costituiti da componenti elettromeccanici ubicati all'interno dei quadri di potenza che alimentano i motori elettrici. In generale per la partenza di un motore elettrico si utilizzano un insieme di apparecchi capaci di assolvere **quattro funzioni** fondamentali: sezionamento, protezione contro le correnti di corto circuito, protezione contro le correnti di sovraccarico e comando.

Il **sezionamento** è la funzione che permette di isolare a monte tutti i conduttori attivi della partenza motore al fine di poter consentire l'intervento a valle senza pericolo di folgorazione. E' una funzione quasi sempre assunta da apparecchi specifici chiamati sezionatori che possono essere composti da 3 o 4 poli di potenza e che spesso sono muniti di un dispositivo porta-fusibili che assicura una funzione supplementare: la protezione contro le correnti di cortocircuito.

La funzione di **protezione contro cortocircuito** controlla l'insorgere delle correnti di elevata intensità, causate da un cortocircuito, intervenendo nel più breve tempo possibile in modo da limitare e contenere gli effetti termici e dinamici delle correnti, dannosi sia per i conduttori dell'impianto che per gli avvolgimenti dello stesso motore. E' una funzione assolta, pur se con differenti modalità, sia dai **fusibili** che dagli **interruttori automatici magnetotermici**. I fusibili sono dei dispositivi di protezione contro le sovracorrenti il cui principio di funzionamento è basato sull'effetto Joule e cioè, sul riscaldamento rapido, fino alla fusione, di un conduttore attraversato dalla corrente. Gli interruttori automatici magnetotermici, un esempio dei quali è mostrato in fig. 1.1.5, hanno il vantaggio di essere facilmente ripristinabili in caso di guasto, dopo aver ovviamente rimosso la causa. Essi derivano il loro nome dal fatto che esibiscono un funzionamento complementare nell'interruzione da cortocircuito (meccanismo di tipo magnetico) rispetto all'interruzione da sovraccarico (meccanismo di tipo termico):

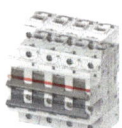

La funzione di **protezione contro le correnti di sovraccarico** deve essere capace di rilevare tutti gli aumenti persistenti di corrente che possono provocare sovratemperature dannose sia per i conduttori di linea che per il motore. Questa funzione è svolta dai **relè termici**, un esempio dei quali è mostrato in fig. 1.1.6:

La soluzione costruttiva più comune è basata sull'impiego di 3 lamine bimetalliche, con differenti coefficienti di dilatazione termica, ciascuna di esse è inserita in un circuito riscaldatore percorso dalla corrente nominale del motore. Quando la corrente tende a superare i valori massimi di taratura, l'effetto termico derivante agisce sulle lamine in modo proporzionale al loro coefficiente di dilatazione termica. Essendo le lamine solidali composte da metalli diversi la loro struttura si deforma. La deformazione provoca, attraverso leverismi meccanici, l'apertura di un contatto elettrico connesso in serie al circuito ausiliario che alimenta la bobina del contattore. Ne consegue quindi l'apertura dei contatti di potenza del contattore per effetto della sovratemperatura. Un relè termico per adempiere alla sua funzione, deve quindi essere associato ad un dispositivo di comando ovvero più comunemente ad un contattore, componente che ci accingiamo ad illustrare.

La funzione di **comando** è demandata a dispositivi denominati contattori, un esempio dei quali è mostrato in fig. 1.1.7:

La funzione consiste nello stabilire o interrompere la circolazione della corrente di servizio che alimenta il motore elettrico causando l'avvio o l'arresto di questo ultimo. Le norme definiscono il **contattore** come "un dispositivo elettromeccanico di manovra, ad azionamento non manuale, adatto per effettuare un numero elevato di manovre, capace di stabilire, sopportare ed interrompere delle correnti in condizioni ordinarie e di sovraccarico del circuito ad esso interessato".

La norma IEC 947:4-1, recepisce la combinazione contattore + relè termico identificandola in un apparecchio composto di nome "avviatore", che viene definito: "associazione coordinata di due dispositivi atti al comando ed alla protezione termica di un motore". La figura 1.1.8 ne mostra appunto un esempio:

Un esempio di utilizzo dei componenti del blocco partenza è mostrata in figura 1.1.9 che riporta lo schema unifilare della sezione di un quadro di potenza per l'azionamento dei tre motori elettrici trifase di una stazione di pompaggio.

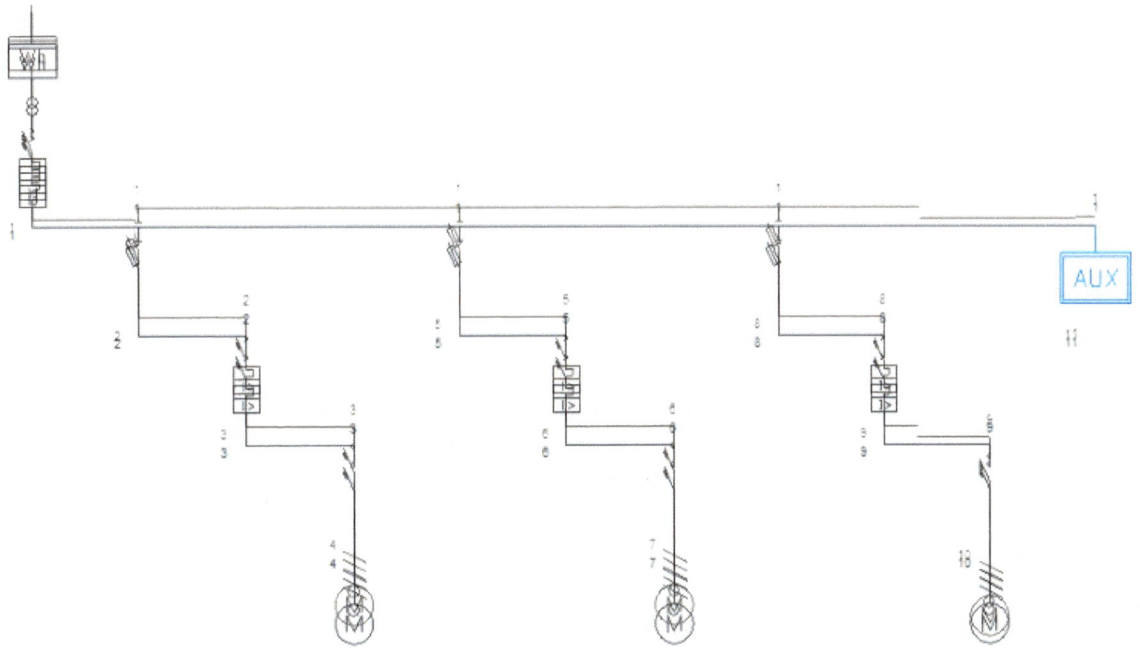

Procedendo dall'alto notiamo innanzitutto un interruttore generale che alimenta una blindo-sbarra da cui si dipartono le tre partenze motore. Ciascuna di queste ha, procedendo sempre dall'alto verso il basso, un sezionatore tripolare con fusibili, un interruttore magnetotermico e per finire un avviatore.

La parte destra dello schema si riferisce alla sezione **dei circuiti ausiliari, AUX,** che è quella che ci **interessa particolarmente** in quanto dobbiamo realizzare il corretto **interfacciamento** tra i contattori elettromeccanici della sezione di potenza e gli ingressi e uscite del controllore PLC. La figura 1.1.10 mostra la sezione ausiliaria relativa alla prima pompa con gli opportuni interfacciamenti:

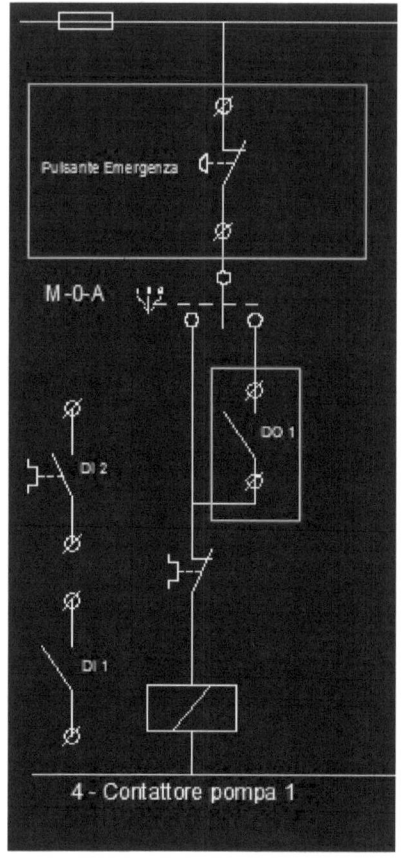

Procedendo dall'alto verso il basso osserviamo il **pulsante di emergenza** cablato, per sicurezza intrinseca, come contatto normalmente chiuso NC. Se il pulsante di emergenza viene aperto cessa l'alimentazione del contattore e la pompa, se precedentemente avviata, viene immediatamente arrestata. La cornicetta rettangolare ci evidenzia che il pulsante di emergenza è posto all'esterno del quadro di potenza, essendo generalmente situato in prossimità del motore da arrestare al fine di poter essere facilmente azionabile dall'operatore. I cerchietti barrati indicano che i suoi cablaggi vanno riportati nella apposita morsettiera di interfacciamento verso il quadro di automazione. Se il pulsante di emergenza non è presente per quel tipo particolare di macchinario basterà ponticellare i relativi morsetti.

In serie al pulsante di emergenza è cablato un **selettore a tre posizioni MAN-0-AUT**. Il ramo automatico è intercettato dal contatto, normalmente aperto NA, associato come vedremo ad una uscita digitale, DO acronimo di Digital Output, del PLC. Anche questo contatto è all'interno di un riquadro rettangolare per ricordarci che è posto all'esterno del quadro di manovra; in effetti esso si trova all'interno del quadro di automazione. Anche questo contatto va quindi riportato nella morsettiera di interfacciamento.

In serie ai rami del selettore MAN-0-AUT sono cablate la protezione NC del **relé termico** ed, a seguire, la **bobina del contattore** della pompa. La pompa potrà quindi essere avviata solo con i consensi contemporanei del pulsante di emergenza, di uno dei due rami del selettore e della protezione termica.

Sono presenti poi sulla parte di sinistra dello schema due contatti, i cui cablaggi vanno riportati esclusivamente sulla morsettiera di interfacciamento. Quello più in basso è un contatto NA ricavato dal contattore della pompa; ci servirà per avere il **feedback di motore ON** su un primo ingresso digitale del PLC. Quello posto superiormente è anche esso un contatto NA ricavato però dal **relé termico**; ci servirà per informare il PLC, grazie ad un secondo ingresso digitale distinto dal primo, che la protezione termica a riarmo manuale è intervenuta.

Riepilogando, **per l'azionamento automatico di ciascun motore elettrico dovremo prevedere due ingressi digitali, che chiameremo ON e TRM, e una uscita digitale che chiameremo OUT**. Nei prossimi capitoli mostreremo come utilizzare questi ingressi digitali e uscite digitali.

1.2 Il sistema piramidale di automazione

Per il monitoraggio e controllo dei motori elettrici utilizzeremo un sistema di automazione, basato su un controllore PLC ed una interfaccia HMI, ma predisposto per la supervisione e comando remoto tramite un eventuale sistema SCADA. Questo tipo di sistema si articola generalmente in una struttura piramidale a quattro livelli: campo, controllo, monitoraggio locale e supervisione remota.

Lo strato inferiore è costituito dal livello occupato dal processo e cioè dal campo "field level". Le funzioni di questo **primo strato logico** sono essenzialmente due:

a) ricevere informazioni dal processo (funzione di input) mediante speciali dispositivi chiamati **sensori**;

b) attuare direttive di comando contro il processo (funzione di output) mediante dispositivi chiamati **attuatori**.

La caratteristica distintiva di un sistema di controllo del processo è infatti la sua capacità di:

1) interrogare i sensori in campo;

2) convertire i segnali elettrici, generati da questi ultimi, in grandezze ingegneristiche quali pressioni, livelli e temperature;

3) avviare le opportune **azioni di comando o di regolazione** sugli attuatori previste dalle strategie gestionali, identificate in sede di progetto e memorizzate all'interno del programma applicativo del PLC.

La **direzione** dei segnali elettrici è sempre espressa dal punto di vista del sistema di controllo, quindi ogni segnale da qualsiasi sorgente indirizzata al controllore è considerato un **ingresso**; analogamente qualsiasi segnale che dal controllore è indirizzato ai contattori e ai macchinari dell'impianto è considerata una **uscita**.

E' giunto adesso il momento di approfondire questo **dialogo tra il controllore e i sensori e gli attuatori** dell'impianto. Innanzitutto possiamo classificare i segnali di ingresso provenienti dai sensori in tre tipi: digitale, analogico ed impulsivo.

I segnali **di ingresso binario o digitale**, Digital Input, provengono da sensori di tipo logico vero-falso caratteristici della logica booleana. Essi consentono, ad esempio, il monitoraggio della condizione di marcia-arresto di un motore elettrico tramite l'acquisizione del contatto ausiliario del contattore del quadro di manovra. Anche l'intervento della protezione termica del motore stesso può essere acquisito tramite un secondo ingresso digitale.

La figura 1.2.1 mostra il collegamento classico di un segnale digitale proveniente da un contatto elettrico:

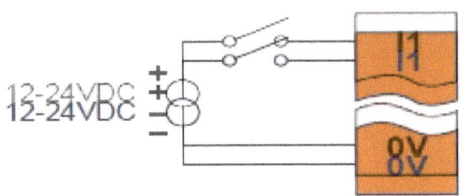

Alla chiusura del contatto la tensione positiva dell'alimentatore diventa disponibile sull'ingresso. Il bit corrispondente nella mappa di memoria %I1, commuta dal valore binario 0 al valore 1 e la logica di controllo del PLC deciderà quali azioni intraprendere a fronte di questo evento.

Per l'azionamento di ciascun motore elettrico utilizzeremo i due ingressi digitali, uno per lo stato di ON ed uno per la protezione termica, TRM, che abbiamo visto nel capitolo precedente. Non faremo uso né di ingressi analogici né di ingressi impulsivi.

Le uscite digitali forniscono invece il mezzo per l'invio dei comandi associati ai singoli bit binari dal controllore al mondo esterno. Ogni bit binario può essere considerato come un interruttore che viene azionato quando il bit cambia stato. Le uscite digitali probabilmente forniscono le uscite più diffuse su qualsiasi sistema, perché possono essere utilizzate per eseguire svariati compiti. Esse possono essere utilizzate per avviare o arrestare i motori elettrici, utilizzando una uscita digitale OUT come illustrato nel capitolo precedente, oppure accendere o disattivare luci, aprire o chiudere valvole.

Le uscite digitali del controllore possono essere realizzate sia con relè interni che con transistori per applicazioni a bassa potenza in grado di commutare una tensione di uscita tra 0 e 24. L'interfacciamento di un segnale **di uscita digitale**, Digital Output, nel caso di uscita a transistor, è mostrato in figura 1.2.2:

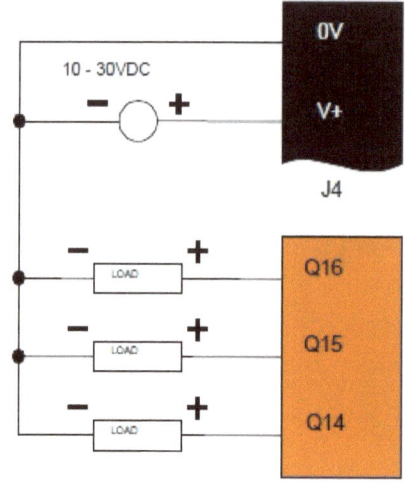

Nel caso in cui, in un certo momento, la logica di controllo dovesse commutare l'uscita digitale %Q15 dal valore 0 al valore 1 la tensione di alimentazione di 24 Vcc andrebbe ad alimentare il carico dell'attuatore interfacciato, tipicamente un relè di interfacciamento di bassa potenza. Questo a sua volta andrà a pilotare un contattore elettromeccanico che avvierà il relativo motore elettrico. Il problema principale da affrontare è come convertire i segnali elettronici a bassissima tensione, 0-24 Vcc, disponibili sui moduli di uscita del controllore in una forma che possa commutare macchinari elettromeccanici alimentati con la tensione dell'elettrotecnica, tipicamente 380 Vca trifase, quando non addirittura in media tensione 20-24 kVca. A tal proposito si suole dire che "l'elettronica non ha muscoli". Per ovviare a questo inconveniente si fa ricorso a particolari dispositivi, quali i relé di disaccoppiamento installati nel quadro di automazione ed i contattori, questi ultimi già descritti nel capitolo precedente, installati all'interno del quadro di manovra.

I relè di disaccoppiamento sopraccennati vengono utilizzati per permettere alla fonte di alimentazione del quadro di automazione, che opera tipicamente in corrente continua a 24 Vcc, di pilotare le bobine dei contattori del quadro di manovra alimentate dal circuito ausiliario in corrente alternata a 24 Vca. Ciò si ottiene utilizzando i contatti di uscita dei relé di disaccoppiamento per alimentare o meno le bobine dei contattori di comando dei motori, mostrati nel capitolo precedente.

I relé di disaccoppiamento possono essere raggruppati insieme in apposite schede di 8 o 16 elementi.

Nel caso di PLC equipaggiati con moduli di uscita a relé il cablaggio elettrico è quello mostrato in figura 1.2.3.

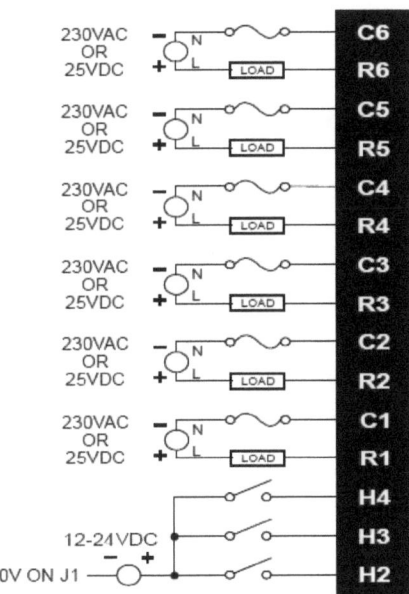

In questo caso il modulo di uscita digitale mette a disposizione i contatti dei propri relé interni per commutare carichi anche induttivi con assorbimento fino a 5 A.

Il **secondo livello** della architettura è quello del controllo, affidato al controllore programmabile PLC. Questo dispositivo deve realizzare il vero e proprio controllo di processo secondo strategie predefinite che vengono memorizzate al suo interno e attuate sul campo. Il compito del PLC può quindi riassumersi nella elaborazione e tempestiva messa in atto di azioni appropriate in risposta ai cambiamenti di variabili esterne del processo. Questo dispositivo elettronico, che è di fatto costituito da un piccolo micro-computer, venne introdotto in ambito industriale già nel lontano 1970; con il progredire degli anni il PLC si è rinnovato profondamente; alle funzioni logiche elementari sono state aggiunte funzioni sofisticate di calcolo matematico, di orologio-datario, di dialogo con molteplici apparecchiature quali periferiche di I/O, altri PLC, interfacce uomo-macchine HMI locali e PC di supervisione.

Il PLC offre una serie di vantaggi rispetto al cablaggio elettrico tradizionale:

A) non c'è bisogno di cablare elettricamente i diversi circuiti di controllo ma di volta in volta possiamo utilizzare lo stesso controllore per implementare qualsiasi tipo di strategia logica;

B) l'affidabilità dell'hardware di questi controllori è particolarmente curata. I PLC sono progettati per essere utilizzati ininterrottamente per anni senza che si verifichi un guasto. La CPU del PLC, come pure tutti gli altri i componenti hardware, è particolarmente progettata per lavorare instancabilmente per 24 h/g e per 365 g/anno senza interruzioni, in condizioni ambientali gravose quali quelle degli ambienti industriali;

C) è facile implementare strategie di controllo flessibili anche quando è richiesto un tipo di controllo particolarmente sofisticato;

D) sono realizzabili algoritmi di calcolo particolarmente complessi grazie alla disponibilità di funzioni matematiche avanzate.

La CPU del PLC **elabora un unico programma utente eseguito, in maniera ciclica e ripetitiva, più volte al secondo**. L'elaborazione ciclica viene arrestata volontariamente solo in occasione di aggiornamenti del programma necessari per implementare nuove funzionalità o per recepire variazioni del processo controllato.

Abbiamo già accennato che una caratteristica dell'hardware del PLC è la presenza di **hardware specializzato per dialogare con sensori e attuatori** presenti in campo. Si tratta di moduli in grado di acquisire segnali d'ingresso, in corrente o tensione, provenienti da trasmettitori di temperatura, pressione, livello, portata, o da termoresistenze (sensori di temperatura) e di inviare segnali elettrici di uscita ad attuatori elettrici come contattori elettromeccanici per l'avvio - arresto di motori elettrici, servomotori di posizionamento di valvole motorizzate ed inverter.

Se il PLC è un modello sprovvisto di schede native di ingresso - uscita o se i sensori - attuatori del processo sono ubicati ad una distanza tale da rendere poco economico il cablaggio elettrico diretto, esso utilizzerà una o più porte di comunicazione per dialogare con specifici "concentratori di segnale" che svolgeranno in remoto le funzioni delle schede native.

In sintesi possiamo concludere che il PLC non è altro che una apparecchiatura elettronica che tramite delle interfacce di I/O dialoga con i sensori e attuatori del campo e che tramite una CPU a microprocessore esegue ciclicamente la logica di programma memorizzato internamente in una memoria non volatile.

Oggi non è raro trovare a bordo di un unico PLC da due o tre porte seriali, tutte liberamente configurabili sia come la classica interfaccia RS232C, per i collegamenti punto - punto fino a 12 m di distanza, che come la più flessibile RS485 che permette collegamenti multi-drop tra un master (il PLC) e più apparecchiature slave (concentratori dati o altri PLC), ubicate fino a 1200 m di distanza come mostrato in figura 1.2.4:

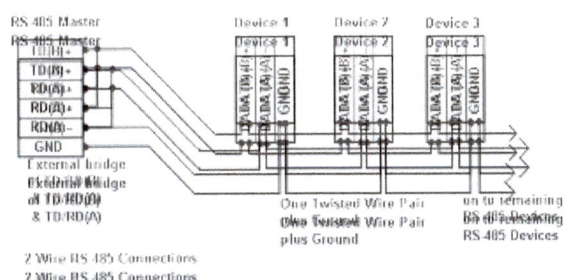

Per questo tipo di collegamento seriale si utilizza un semplice doppino, preferibilmente schermato, ed un protocollo ultracollaudato come il Modbus RTU, standard de facto nel mondo dell'automazione industriale.

Per lo scambio dati a velocità di trasmissione più elevate (fino a 1 Mbit/s) è possibile utilizzare interfacce compatibili con i cosidetti bus di campo, **fieldbus,** quali il Can ed il Profibus-DP, che prevedono l'utilizzo di cavi schermati e twistati a coppia appositamente realizzati.

Un esempio di accoppiamento seriale è fornito dai moduli della famiglia DAT prodotti da Datexel, come quello mostrato in fig.1.2.5, disponibili in varie combinazioni di canali di ingresso - uscita sia digitali che analogici:

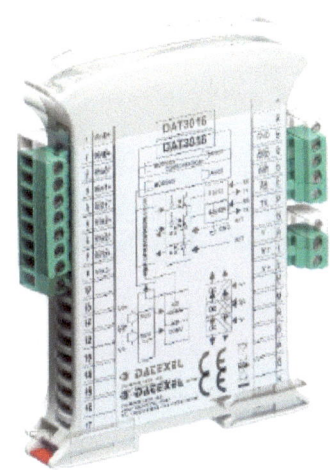

La figura 1.2.6 mostra uno schema che utilizza i moduli misti Datexel da 8DO/4DI:

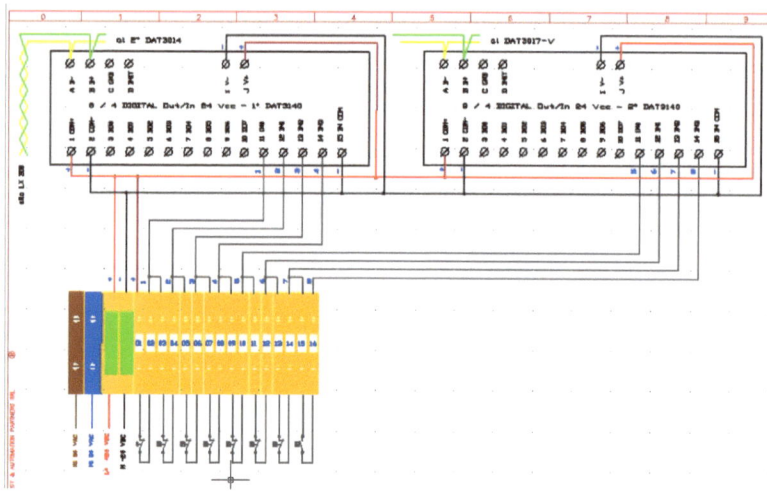

Il **terzo livello** della piramide, quello relativo al monitoraggio locale, utilizza il componente HMI, acronimo di Human Machine Interface. Questa denominazione viene utilizzata per indicare una serie di dispositivi che permettono, con traduzione letterale, l'interfacciamento uomo - macchina e cioè il dialogo tra l'operatore / manutentore dell'impianto ed il PLC.

Nati come evoluzione degli annunciatori alfanumerici di stati e allarmi, i dispositivi HMI hanno subito nel tempo una evoluzione tecnologica senza precedenti. I vecchi tastierini alfanumerici che permettevano tipicamente da due a quattro righe di testo sono oggi sostituiti, allo stesso prezzo, da terminali grafici a colori del tipo touch-screen.

Il componente HMI è quindi un componente elettronico, basato anche esso su microprocessore, che viene installato sul fronte-quadro del quadro di automazione per fornire tutte le funzioni di dialogo con l'operatore. Questo avviene tramite menu di navigazione, in modalità touch-screen, che permettono di selezionare svariate pagine grafiche per la visualizzazione, in tempo reale, degli stati, delle ore di funzionamento, del numero di intervento dei macchinari nonché dei valori delle misure provenienti dai sensori. La figura 1.2.7 mostra appunto una pagina di menu iniziale.

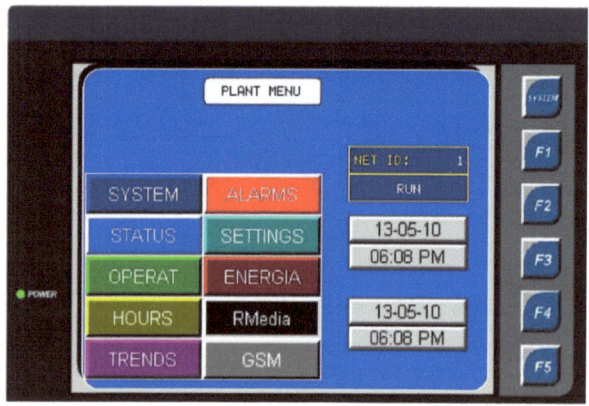

I menu sono ovviamente personalizzati in base alla applicazione. Nel caso di macchinari particolarmente complessi come l'unità di compressione a viti, mostrata nella figura sottostante 1.2.8,

si può utilizzare una rappresentazione sinottica del funzionamento come quella mostrata in figura 1.2.9.

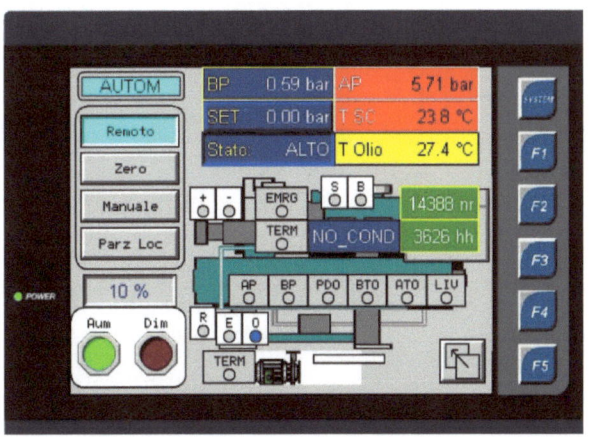

L'interfaccia logica delle interfacce HMI è spesso talmente intuitiva da rendere superflua la consultazione del manuale operativo.

Dalla integrazione di PLC e HMI si ottengono gli **OCS,** acronimo di Operator Control Station. Essi sono dispositivi che racchiudono in unico involucro entrambi gli hardware del controllore PLC che del pannello operatore HMI. L'OCS ha il vantaggio di risultare più economico rispetto all'approvvigionamento separato PLC + HMI e in più lo sviluppo software è facilitato in quanto i due dispositivi condividono la stessa mappa di variabili logiche e numeriche. La figura 1.2.10 mostra il modello Horner OCS XL6e, utilizzato dall'autore, per gli esempi di questa collana di libri.

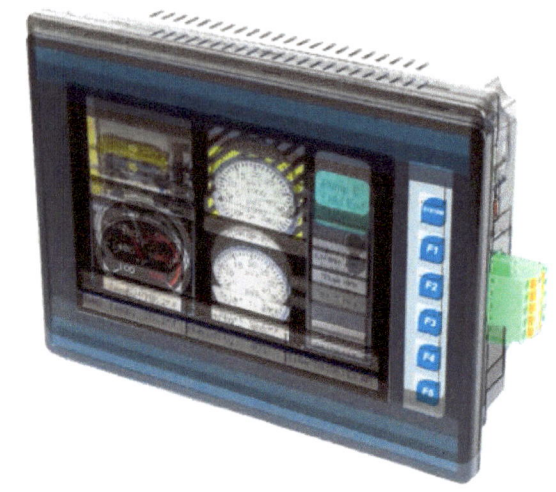

Si tratta di un controllore "All-in-One", in grado di controllare una vasta gamma di processi e macchinari di piccole e medie dimensioni grazie alla integrazione di uno schermo a colori TFT touch screen a 32.000 colori TFT, di moduli di I/O, di una scheda microSD rimovibile, di due porte seriali, di una porta USB e di una porta o più porte Ethernet.

L'interfaccia HMI lavora a stretto contatto con il PLC essendo internamente abilitata, in maniera del tutto automatica ed in tempo reale, la comunicazione bidirezionale tra i due hardware. Questo permette all'HMI di acquisire, a conclusione di ogni ciclo di scansione del PLC, i valori, aggiornati in tempo reale, dei registri interni che compaiono sulla schermata visualizzata. In maniera analoga per ogni variazione di set-point impostata a video dall'operatore il valore del registro modificato viene contestualmente trasmesso al PLC e può essere immediatamente elaborato dalla logica di controllo di quest'ultimo.

L'utilizzo del colore e la possibilità di animare gli oggetti permettono di creare rappresentazioni sinottiche dell'impianto o altri tipi di visualizzazione particolarmente efficaci oltre che gradevoli da punto di vista estetico come sarà mostrato nei prossimi capitoli.

Nell'esempio che andremo a sviluppare nel terzo capitolo la schermata iniziale MENU avrà l'aspetto mostrato in fig. 1.2.11:

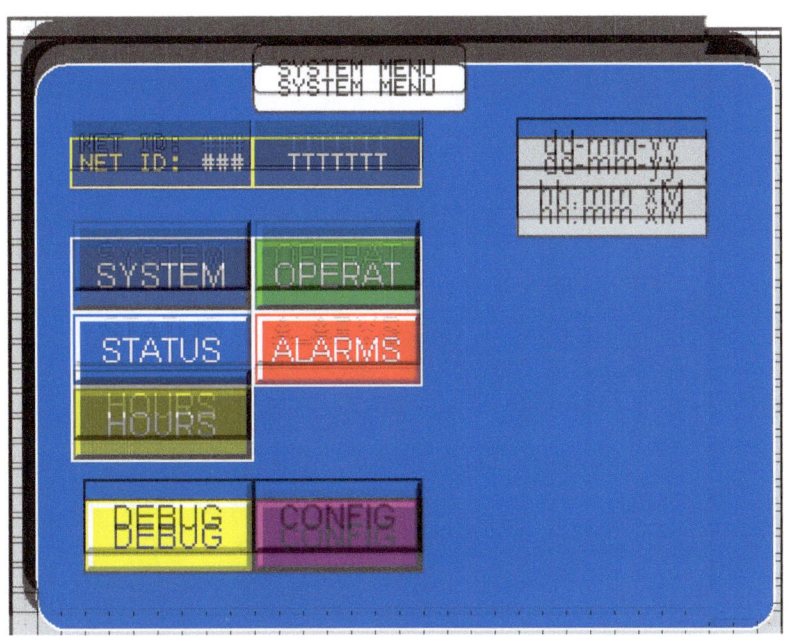

I vari pulsanti consentono la navigazione tra le varie pagine grafiche: SYSTEM per la visualizzazione sinottica del sistema di pompaggio come mostrato in figura 1.2.12;

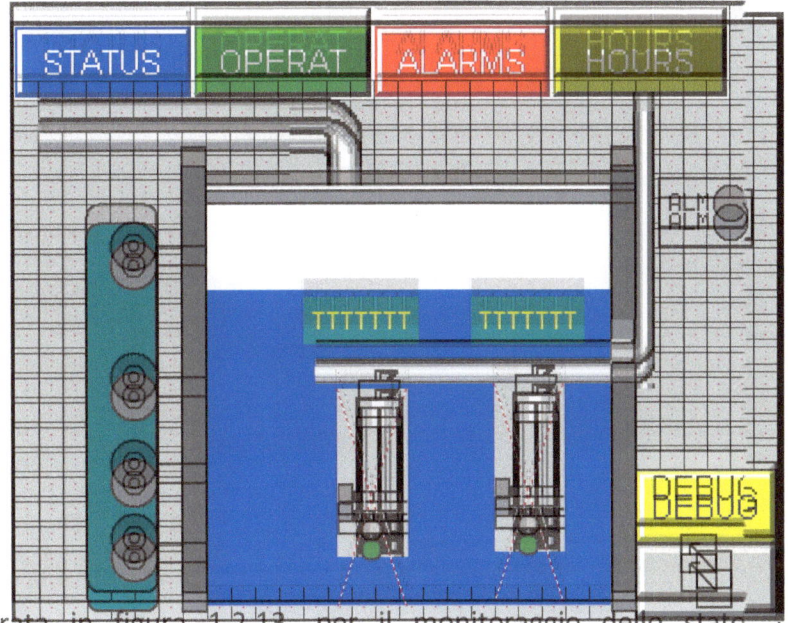

STATUS, mostrata in figura 1.2.13, per il monitoraggio dello stato dei macchinari e del sequenziatore gemellare;

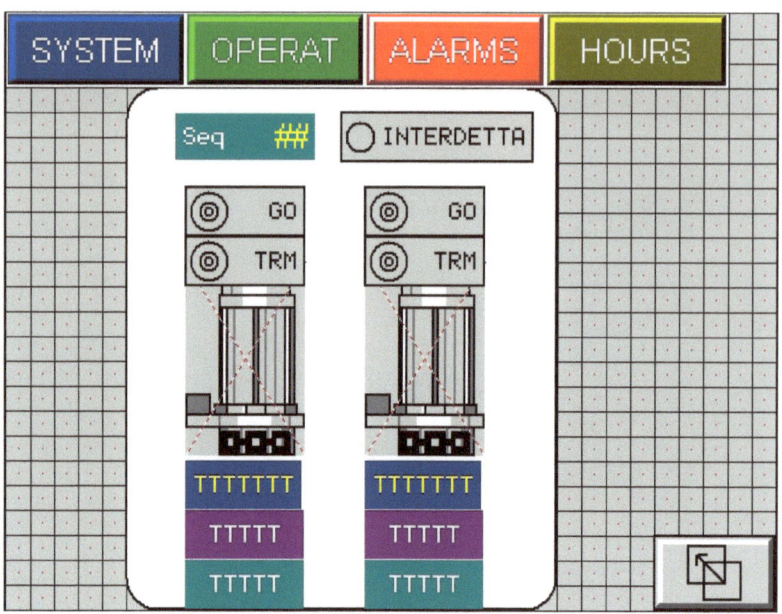

OPERAT, mostrata in figura 1.2.14, per il comando locale delle elettropompe;

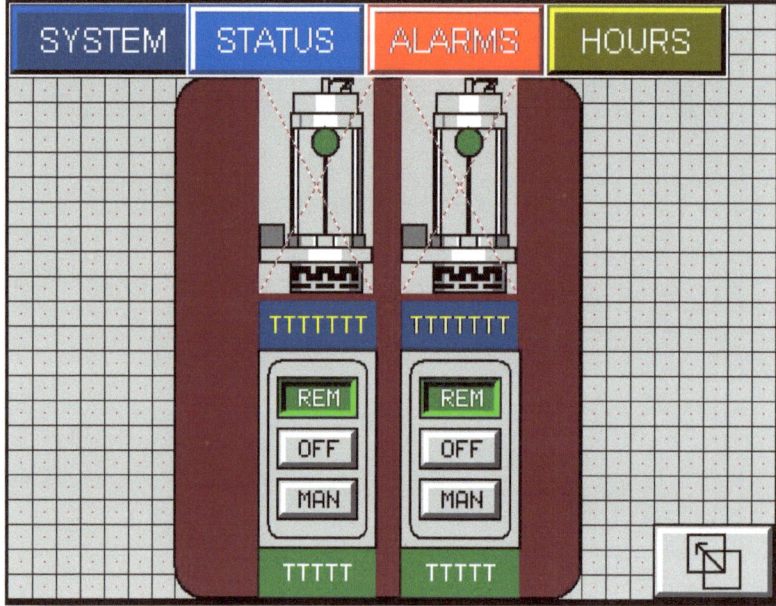

HOURS, mostrata in figura 1.2.15, per il monitoraggio delle ore di funzionamento e del numero di avviamenti delle elettropompe;

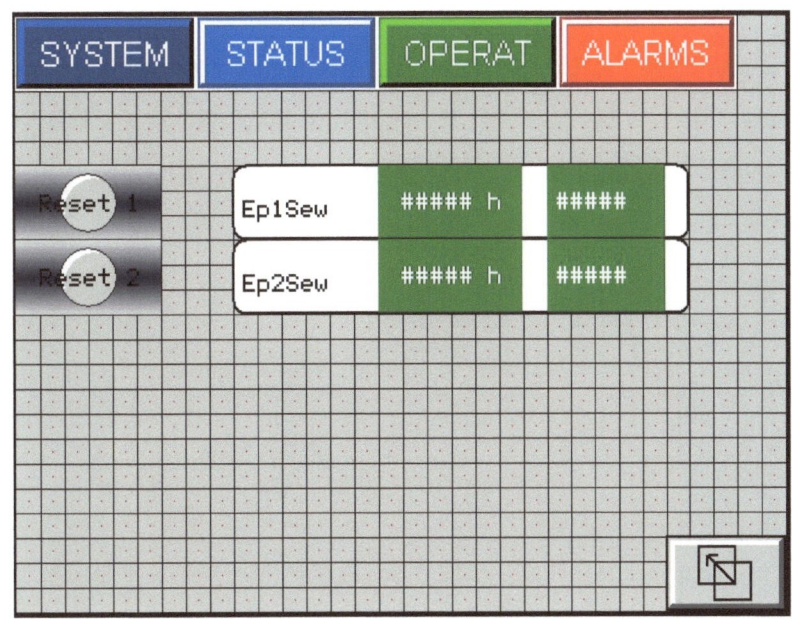

ALARMS, mostrata in figura 1.2.16, per la presa visione degli allarmi presenti e passati.

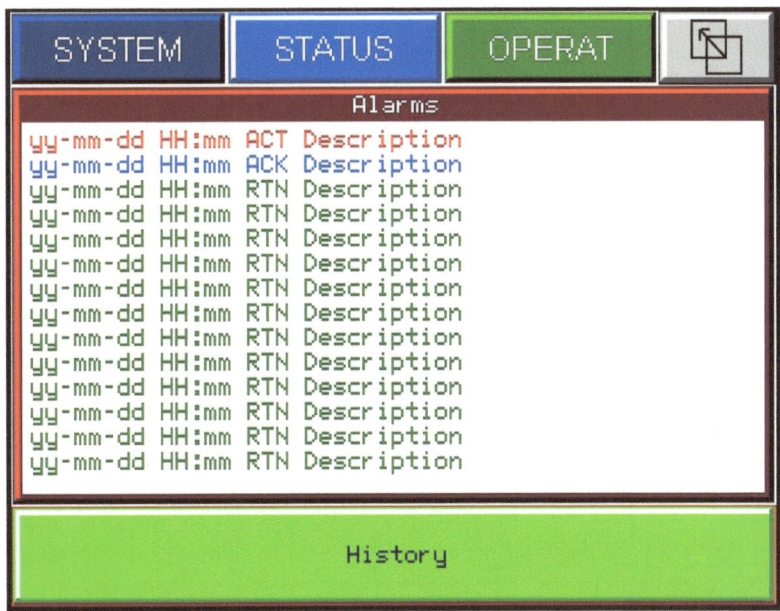

Rinviamo la presentazione delle altre due schermate, DEBUG e CONFIG, al capitolo 3.

Il **livello superiore della piramide di controllo**, il quarto, è dedicato alla supervisione remota realizzata con sistemi Scada.

SCADA, è l'acronimo di Supervisory Control and Data Acquisition, termine che indica sistemi di supervisione basati su una o più stazioni di controllo con hardware computerizzato, ubicato in una o più sale di controllo remote.

La postazione remota fornisce informazioni agli operatori e può accettarne i comandi di avvio-arresto macchinari come pure l'impostazione di set-point di funzionamento comportandosi così, a tutti gli effetti, come un pannello HMI remoto. Il livello di supervisione può quindi duplicare, sia pure in modalità remota, le stesse funzioni di monitoraggio e controllo manuale dei macchinari disponibili sul dispositivo HMI.

In aggiunta esso fornisce però la registrazione a lungo termine di eventi, allarmi e valori storici utilizzando database classici come quelli relazionali o i più recenti NoSQL. La potenza di calcolo dell'hardware computerizzato e la disponibilità di linguaggi ad alto livello rendono possibile la generazione, anche a livello Enterprise, di rapporti storici e statistici. Tali rapporti possono essere utilizzati per monitorare le tendenze, per prevedere esigenze future e per ottimizzare maggiormente le procedure gestionali.

La diffusione dei protocolli di dialogo TCP tra PLC e SCADA ha reso possibile il dialogo tra questo tipo di apparecchiature non solo su reti locali LAN, Local Area Network, ma anche su reti metropolitane WAN, Wide Area Network, rendendo di fatto possibile la supervisione impianti, in tempo reale, da una parte all'altra del globo terrestre.

Ogni sistema Scada ha una sua mappa di variabili, chiamate "tag", che il progettista deve associare, con opportune modalità di configurazione, ai registri di uno o più dei PLC supervisionati. Il dialogo tra il sistema Scada avviene generalmente in modalità definita di "polling" e cioè con la stazione Scada che funge da master che interroga ciclicamente, a intervalli di qualche secondo, i PLC supervisionati che si comportano da slave.

La disponibilità di video grafici di grandi dimensioni permette la rappresentazione del comportamento dinamico dell'impianto su più pagine grafiche sinottiche e di dettaglio.

Al variare delle variabili acquisite di stato o allarme vengono generati eventi e allarmi che sono immediatamente storicizzati su apposite tabelle della base dati. Ad intervalli regolari possono essere pure storicizzati i valori delle variabili più significative dell'impianto. L'utilizzo di database, relazionali e non, consente agevolmente di effettuare, su base periodica o su richiesta estemporanea dell'operatore, interrogazioni (query) di eventi, allarmi, dati storici, sia per ciascun macchinario o sensore che in forma aggregata su gruppi omogenei con produzione di prospetti riepilogativi.

La figura seguente 1.2.17 mostra un esempio di visualizzazione sinottica di un impianto di produzione e stoccaggio di acqua glicolata per l'alimentazione di celle refrigerate per la conservazione di carni.

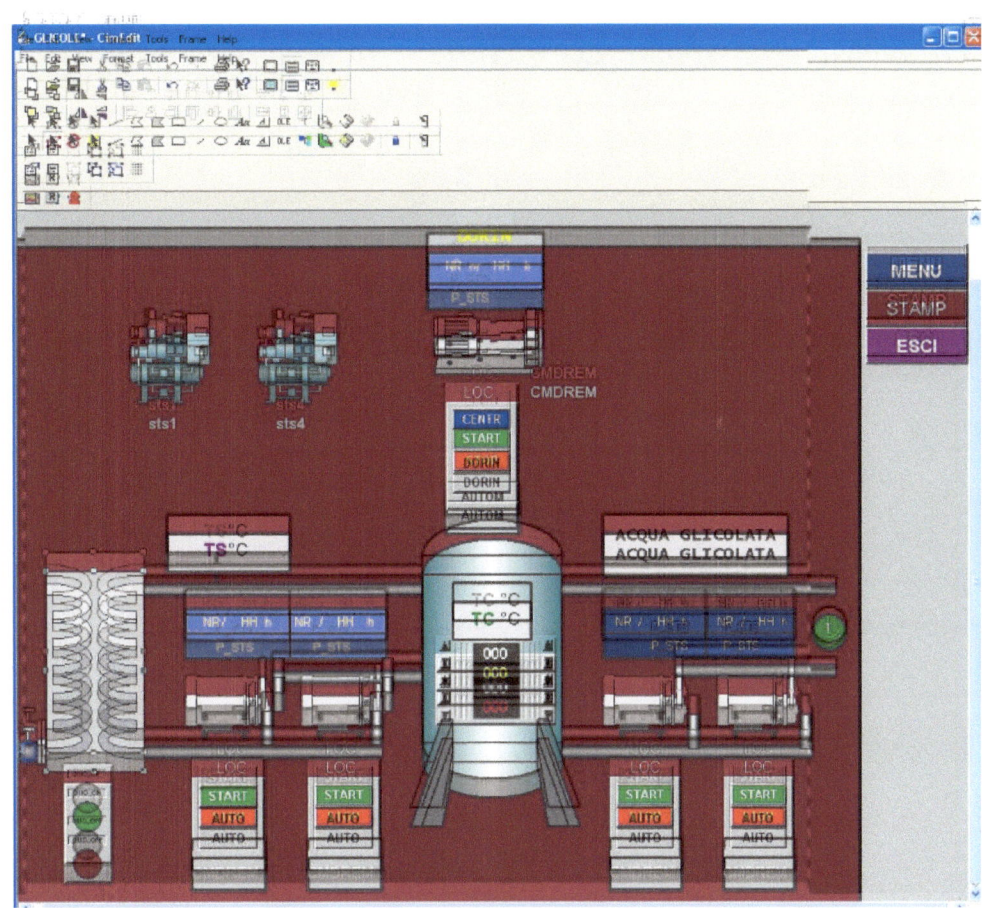

Osserviamo, in particolare, come l'operatore remoto possa comandare l'azionamento di ciascuna pompa forzandone lo Start, lo Stop piuttosto che abilitarne il funzionamento automatico.

Abbiamo completato l'illustrazione del dominio applicativo. Nei prossimi capitoli affronteremo in dettaglio gli aspetti peculiari relativi al software.

2. La programmazione PLC - HMI

2.1 La programmazione modulare e la mappatura della memoria

Abbiamo visto come sia necessario istruire il PLC sulle strategie di controllo che desideriamo implementare. A tal fine si utilizzano dei veri e propri linguaggi ed ambienti di programmazione espressamente sviluppati per il PLC e più o meno aderenti allo **standard di sviluppo IEC 61131-3**. Questo standard è stato sviluppato per garantire una certa portabilità nei programmi tra PLC di diversi fornitori. Il suo maggior pregio consiste nell'essere orientato allo sviluppo modulare dell'applicazione permettendo che la logica complessiva venga frazionata in sottoprogrammi richiamati ciclicamente da un unico programma principale. I singoli sottoprogrammi possono a loro volta richiamare dei blocchi funzionali standard previsti dal linguaggio o addirittura blocchi funzionali UDFB, acronimo di User Defined Function Block, espressamente sviluppati dall'utente. I blocchi funzionali hanno la caratteristica di poter essere parametrizzati per quanto riguarda le variabili di ingresso ed uscita; questo permette il loro "richiamo" per istanze multiple di oggetti appartenenti allo stesso impianto. Approfondiremo questo importante concetto nei paragrafi successivi.

Per la programmazione dei sottoprogrammi e dei blocchi funzionali lo standard prevede che si possa utilizzare uno dei cinque linguaggi sotto-elencati:

1) Ladder Diagram (LD)

2) Instruction List (IL)

3) Function Block Diagram (FBD)

4) Structured Text (ST)

5) Sequential Function Chart (SFC).

La scelta è dettata da preferenze personali o dal background professionale specifico del programmatore.

La scomposizione modulare della applicazione è ben visibile nella figura 2.1.1 che mostra la struttura dei vari componenti del progetto esempio di questo libro, realizzato con l'ambiente Horner CScape. Sono visibili un unico programma main, un insieme di sei Subroutine Module ed una serie di due blocchi funzionali UDFB definiti dall'utente.

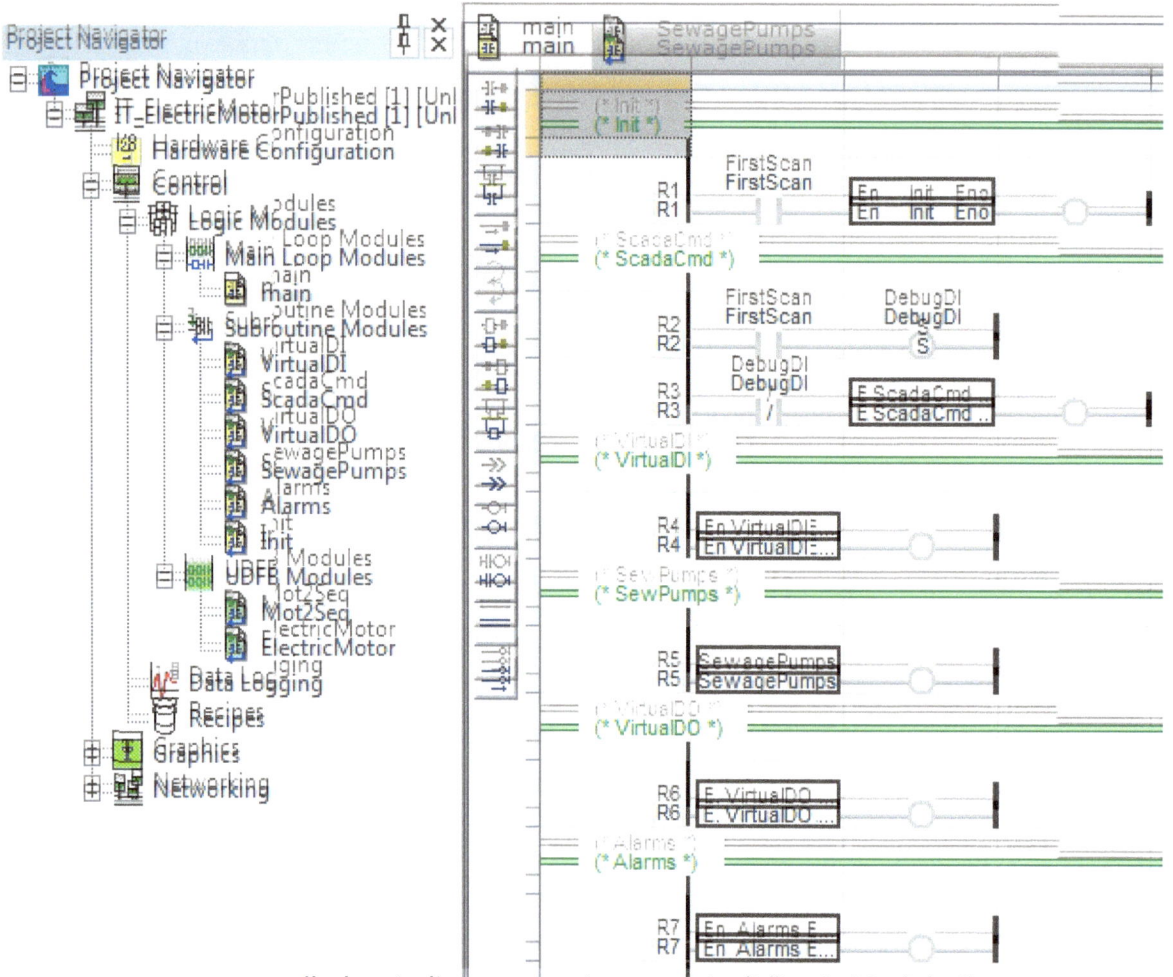

La logica di controllo è quindi contenuta in una serie di "Logic Modules":

Riepilogando, al vertice della gerarchia dei moduli abbiamo i Main Loop Modules che contengono almeno un modulo principale main, che viene eseguito ciclicamente. Il main richiama in sequenza, uno alla volta, i vari "Subroutine Modules" che a loro volta possono richiamare, più volte anche se con parametri diversi, i moduli funzionali. Questi ultimi possono essere sia i blocchi funzione standard, già forniti dal linguaggio per le istruzioni logiche di utilizzo generale, sia i blocchi specifici definiti dall'utente, gli "UDFB Modules":

Il programma principale "main" manda in esecuzione ciclicamente e sequenzialmente le subroutine Init, ScadaCmd, VirtualDI, SewagePumps, VirtualDO, e Alarms. La subroutine SewagePumps, al momento in cui viene mandata in esecuzione, provvede a richiamare una istanza del blocco funzione Mot2Seq e due istanze del blocco funzione ElectricMotor che è l'oggetto del presente quaderno.

Tutte le subroutine ed i blocchi funzione sopra menzionati saranno analizzati nel dettaglio nei prossimi capitoli:

Ricordiamo che sia la logica di controllo del PLC che quella di visualizzazione HMI viene comunque sviluppata su PC, in apposito ambiente Windows, e che il relativo file sorgente viene salvato sul disco rigido del PC in attesa di effettuarne il travaso (download) nella memoria del PLC.

Prima di procedere con l'analisi del software applicativo è bene fare un breve riepilogo sull'utilizzo della memoria interna del PLC al fine di memorizzare le variabili di processo. Qualunque sia l'hardware utilizzato, PC o PLC, si ha sempre bisogno di memorie di lavoro RAM sia per memorizzare le istruzioni del programma che per salvare ad ogni ciclo di scansione i dati delle variabili dinamiche. Il PC dei giorni nostri dispone generalmente di una memoria RAM da 4-8 GByte mentre al PLC bastano memorie molto più modeste, da 256 kB a 1MB per memorizzare logiche di controllo di impianti anche particolarmente complessi oltre che qualche migliaio di variabili interne.

I linguaggi ad alto livello del PC utilizzano variabili primitive di tipo Short, Byte, Integer, Long, Float, Double che occupano da 8 a 64 bit di memoria; il tipo dati più frequentemente usato dal PLC è invece il **registro (%R) composto da 16 bit**. Avendo a disposizione 16 bit in totale, in un singolo registro possono essere rappresentati, grazie al sistema di numerazione binario, **numeri interi** con segno compresi tra -32768 e +32767 o senza segno nell'intervallo 0 e 65365.

Quando si ha la necessità di rappresentare numeri interi di valore più elevato si fa ricorso ad una rappresentazione a **32 bit** ottenuta utilizzando due registri a 16 bit adiacenti.

Anche eventuali **numeri reali** vengono memorizzati utilizzando i **32 bit** di due registri affiancati.

Un registro a 16 bit può anche essere utilizzato per **aggregare lo stato binario di bit logici**, ciascuno dei quali occupa un bit, in gruppi di 16. Questa soluzione di memorizzazione risulta particolarmente compatta ed efficiente soprattutto quando queste variabili vanno trasmesse ai sistemi Scada o trasferite in rete da un PLC all'altro.

I singoli bit delle variabili booleane diventano quindi accessibili singolarmente, sia in lettura che scrittura, all'indirizzo %Rx.y con x, indice del registro, e y indice del bit, compreso tra 1 e 16: es %R1.5 indicherà il bit 5 del registro 1. I valori binari booleani associabili ad un bit singolo possono comunque essere memorizzati oltre che sotto forma di bit appartenenti ad un registro anche come variabili ritentive di tipo %M e non ritentive di tipo %T.

Oltre che per memorizzare numeri interi, numeri reali e compattare bit singoli i registri %R sono utilizzati anche per **memorizzare enumerazioni di stati di macchinari e sensori** da associare a stringhe di testo predefinite nelle schermate dell'interfaccia HMI. Mostreremo un tale utilizzo quando ci occuperemo della visualizzazione di testi dinamici nel pannello HMI.

Una rappresentazione in memoria di una variabile fisica, acquisita in tempo reale, è, per esempio, una pressione che in un certo momento assume un valore pari a 8,95 bar. In questo caso possiamo rappresentarla o come valore reale a 32 bit, utilizzando due registri consecutivi ad esempio %R201 e d %R202; o come valore intero, pari a 895, con occupazione di un solo registro a 16 bit, ad esempio %R200. Questa seconda modalità consente di memorizzare i dati reali in metà spazio, il che è importante soprattutto quando gli stessi devono essere inviati ad un sistema di supervisione o ad un altro controllore lungo una linea seriale non troppo veloce; ma questo approccio ha l'inconveniente che bisogna gestire da programma e da pannello operatore il corretto formato di rappresentazione - visualizzazione tenendo sempre a mente quante sono le cifre decimali da tenere in considerazione.

Un esempio di registro che contiene una enumerazione di testi dinamici è invece costituito dal registro di stato di una elettropompa il cui valore può variare in tempo reale all'interno di un certo insieme di stati logici precodificati in forma tabellare all'interno del dispositivo HMI, come mostrato in figura 2.1.3.

Value	Text
0	???
1	ON
3	ON_SEL
4	OFF
5	REM_0
6	LOC_0
18	ALARM
32	INHIBIT
64	INTERD
130	FDBACK

I valori interi riportati nella colonna Value corrispondono agli stati logici riportati nella colonna Text. Questi ultimi risultano pertanto visualizzabili in un campo di tipo testo nelle pagine grafiche del pannello operatore associato al PLC, come vedremo meglio più avanti.

2.2 Il blocco funzione Electric Motor

Motivazioni

Il blocco funzione ElectricMotor nasce dalla esigenza primaria di controllare l'avviamento di un motore elettrico, sia esso in automatico che da pannello operatore locale o da sistema di supervisione remoto.

Questo design pattern viene utilizzato per il monitoraggio e controllo di macchinari azionati da motori elettrici quali ad es. elettropompe, elettroventilatori, compressori, ecc. che costituiscono i principali componenti degli impianti tecnologici siano essi industriali che residenziali.

La logica di **monitoraggio** prevede innanzitutto l'**acquisizione** in tempo reale dello **stato di funzionamento** di tali macchinari. Interrogando opportunamente alcuni bit di ingresso e specifiche variabili interne, si verifica se il dispositivo è in marcia, se è in arresto normale in attesa di ripartire ovvero se è in arresto per la presenza di una **condizione di allarme o di inibizione** all'avviamento. Il monitoraggio viene integrato dal calcolo automatico delle **ore di funzionamento** e dal **numero di avviamenti**; parametri molto importanti ai fini di una corretta manutenzione preventiva. In ultimo vengono effettuati il controllo di **mancato stato** che si verifica quando il macchinario, benché comandato ad avviarsi, non si mette in marcia entro un tempo prefissato nonché il controllo di **marcia manuale** che si verifica quando il motore viene avviato dal ramo manuale del selettore elettromeccanico MAN-0-AUT presente sul frontequadro di potenza. L'azionamento di tale selettore by-passa ovviamente qualsiasi controllo automatico del PLC per cui risulta estremamente importante che questo ultimo possa rilevare tale condizione di funzionamento per informare dell'evento le strategie interne di gestione.

La logica di **controllo** consiste essenzialmente nell'attivare la bobina del contattore del motore elettrico, una volta che pervenga una richiesta di avviamento macchinario da parte di una strategia gestionale di più alto livello. L'avvio sarà comandato purché sia fatto salvo il **rispetto delle sicurezze intrinseche** del macchinario quali il consenso del relé di protezione termica, dell'eventuale pulsante di emergenza nonché, ove presente, di una eventuale sicurezza esterna. Viene inoltre rispettato, ad ogni arresto del macchinario, un tempo pre-programmato di **interdizione al riavvio**. Tale blocco è dettato della necessità di evitare inserzioni troppo frequenti che potrebbero portare al surriscaldamento del motore elettrico a causa delle elevate correnti assorbite all'avviamento.

Le strategie gestionali di controllo, meglio approfondite nei prossimi capitoli, possono essere strategie di avviamento gemellare, le quali comandano alternativamente una unità mentre l'altra rimane di riserva, o strategie di inserzione - disinserzione multipla che avviano o arrestano, secondo le necessità dell'impianto, uno o più componenti di una batteria di pompe o compressori installati impiantisticamente in parallelo.

Mappa delle variabili locali

La mappa delle variabili, codificata secondo lo standard IEC61131-3, utilizzata dal blocco funzione è mostrata nella tabella riportata in figura 2.2.1:

Le variabili di ingresso sono:

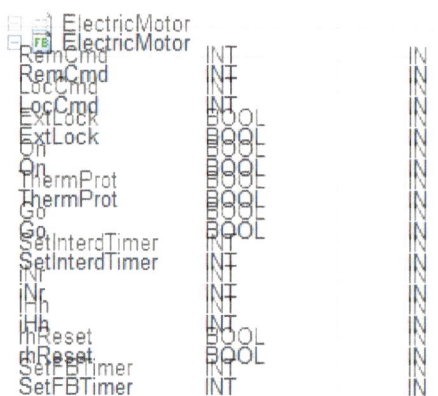

La variabile di ingresso **RemCmd** è un registro a 16 bit del PLC che memorizza il valore del comando remoto proveniente dal sistema Scada. Come vedremo più avanti è stata adottata una convenzione per cui il valore 0 di tale registro fa sì che il funzionamento segua la logica automatica della strategia di controllo del PLC. Il valore 1 di tale registro vuol dire che l'operatore del sistema Scada vuole forzare l'arresto da remoto del macchinario. Il valore 2 di tale registro vuol dire che l'operatore del sistema Scada vuole forzare l'avvio da remoto del macchinario.

La variabile di ingresso **LocCmd** è un ulteriore registro del PLC che memorizza il valore del comando locale proveniente dal tastierino HMI. Come vedremo più avanti anche qui si è scelto che il valore 0 di tale registro faccia sì che il funzionamento segua la logica del comando RemCmd sopra illustrata; il valore 1 di tale registro vuol dire che l'operatore locale vuole forzare l'arresto da locale del macchinario indipendentemente dal valore di RemCmd. Può così effettuare esclusioni di macchinari che si sa essere danneggiati in attesa della successiva riparazione. Nel caso di verifiche manutentive onde evitare avvii indesiderati del macchinario l'operatore agirà preferibilmente direttamente sul selettore AUT-O-MAN del quadro di potenza o nei casi più pericolosi e per maggior sicurezza aprirà i fusibili di potenza. Il valore 2 del registro LocCmd vuol dire che l'operatore HMI vuole forzare l'avvio da locale del macchinario.

Le successive variabili di ingresso **On** e **ThermProt** sono variabili booleane correlate agli ingressi digitali precedente descritti nel capitolo relativo all'interfacciamento delle partenze motore.

La variabile di ingresso **ExtLock** viene utilizzata per acquisire il consenso di una eventuale sicurezza esterna.

La variabile di ingresso **Go** proviene dalla strategia di controllo del sequenziatore che abiliterà o meno l'avvio a secondo delle richieste dell'impianto. Nel caso di gruppi di pressurizzazione idrica sarà una strategia di controllo della pressione di mandata, nel caso di stazioni di sollevamento di acque reflue sarà una strategia di controllo del livello in vasca.

La variabile di ingresso **SetInterdTimer** è un registro del PLC in cui risulta memorizzato il valore di impostazione del temporizzatore di inibizione. Viene così impedito il riavvio del motore per un certo numero di secondi dal suo spegnimento onde consentirne un regolare raffreddamento. Il valore da impostare può essere calcolato facilmente conoscendo il numero massimo di avvii/ora indicato dal costruttore del motore elettrico. Ad esempio nel caso di 10 avvii/ora si imposterà a 3600/10 = 360 s il set in questione.

Le variabili **iNr** ed **iHH** contengono i registri del numero di avvii e del numero di ore di funzionamento del macchinario. Il numero di avvii viene automaticamente resettato al superamento del valore di 30.000 (un registro a 16 bit può memorizzare solo interi fino a 32.767) mentre quello delle ore viene resettato al superamento del valore di 30.000 o alla attivazione dell'ultima variabile booleana rHReset.

La variabile di ingresso **SetFBTimer** è un registro del PLC in cui risulta memorizzato il valore di impostazione del temporizzatore di mancato Stato (Out=1 ma ON=0).

Passiamo alle variabili di uscita del blocco funzione che, come mostrato in figura 2.2.2, sono:

Partiamo dalle variabili booleane. **Start** è correlata con l'uscita digitale che aziona il macchinario. Le altre due variabili booleane **FbNOk** e **Ready** sono utilizzate principalmente come indicazioni interne per le strategie di controllo. Dovendo azionare due pompe, se la prima dovesse risultare non pronta (Ready) mentre la seconda sì, la strategia di controllo darebbe il Go alla seconda piuttosto che alla prima.

Il **FbNOk** è l'indicazione di mancato stato. Essa indica che il segnale di On non è diventato vero pur essendo stato comandato lo Start. Ciò indica una qualsiasi interruzione nella catena di comando per cui è richiesto l'intervento del manutentore.

Le variabili **oNr** ed **oHH** contengono i valori aggiornati di iNr ed iHH dopo l'esecuzione del blocco funzionale.

La variabile intera di uscita **Status** contiene il registro del PLC che memorizza i possibili stati logici del macchinario. I valori che questo registro può assumere saranno illustrati in dettaglio nel prosieguo.

Infine le variabili interne al blocco funzione, come mostrato in figura 2.2.3, sono:

CtTFB	INT
TFB	TON1s
RemAut	BOOL
LocScd	BOOL
RemStart	BOOL
RemZero	BOOL
LocStart	BOOL
LocZero	BOOL
oldOn	BOOL
Interd	BOOL
CtInterd	INT
InterdTmr	TON1s
secCounter	INT
ionsec	BOOL
ionhours	BOOL

La loro funzione verrà descritta dettagliatamente nel paragrafo successivo.

La logica di controllo è contenuta nel modulo UDFB, User Defined Function Block, denominato Electric Motor. Un esempio di istanza EM_EP1, richiamata nella riga R1 per il controllo della pompa EP1, è illustrato nella figura 2.2.4:

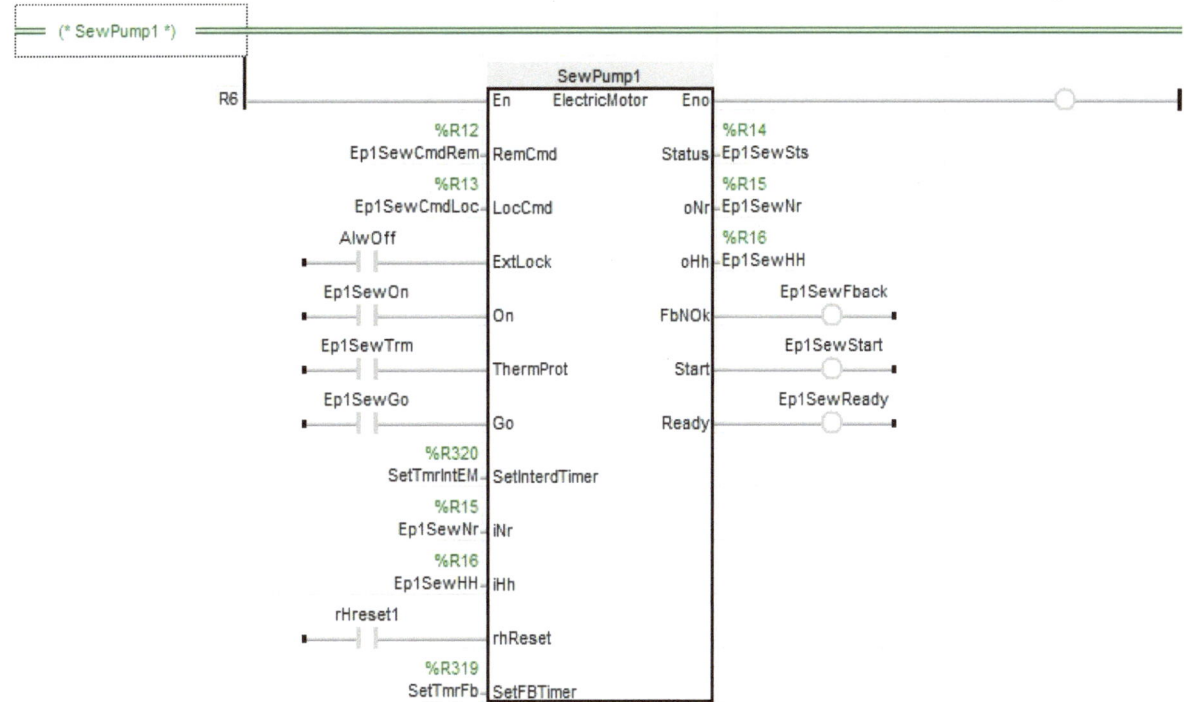

Le variabili di ingresso e di uscita del modulo precedentemente definite sono collegate alle variabili di processo del macchinario specifico controllato. Il registro EpCmdRem1 dichiarato come variabile ritentiva per la elettropompa 1 è associato al RemCmd, EpCmdLoc1 a LocCmd e così via.

Il parametro ExtLoc non viene utilizzato nell'esempio in questione e quindi viene associato alla variabile di sistema AlwOff (Always Off -> sempre spenta).

Le istruzioni interne del blocco iniziano con la gestione del timer di interdizione contenuta nelle righe R1-R4, come mostrato in figura 2.2.5.

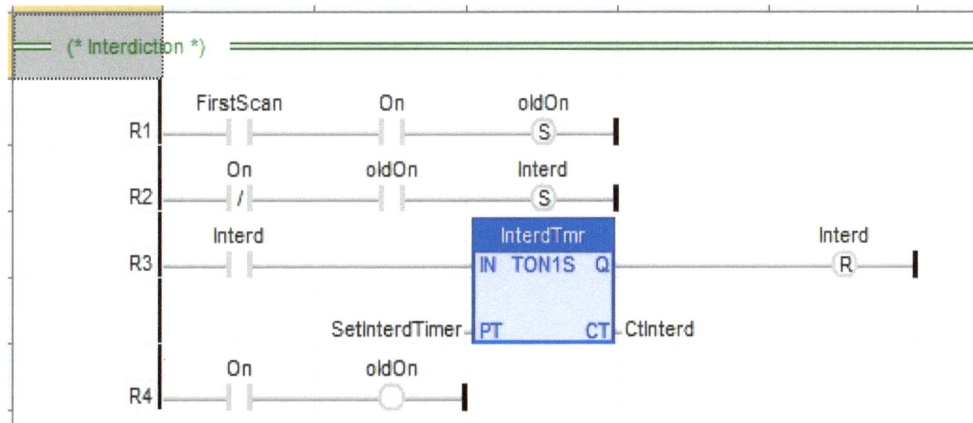

Come si può osservare la riga R1 contiene la serie tra i contatti FirstScan e On. La variabile booleana di sistema FirstScan risulta vera solo al primo avvio del PLC. Se è vera anche la variabile booleana legata all'ingresso On viene impostata a vero anche la variabile interna oldOn.

Nella riga successiva R2 la serie tra i contatti della variabile booleana negata On e della variabile oldOn setta la variabile Interd ogniqualvolta il macchinario viene arrestato.

Nella terza riga R3 tale variabile attiva il timer di interdizione al trascorrere del tempo impostato nel registro SetInterdTimer. Ribadiamo che la funzione del timer è quella di evitare il surriscaldamento del motore nel caso di riavvii troppo frequenti.

La riga R4 forza l'aggiornamento della variabile booleana oldOn in base al valore effettivo di On.

La successiva riga di istruzione R5 imposta la variabile di uscita FbNok (Feedback non ok) corrispondente alla segnalazione di mancato stato con un ritardo di un certo numero di secondi, in base all'impostazione del registro SetFBTimer, dopo il verificarsi della serie logica tra il comando di Start e la mancanza del segnale di On come mostrato in figura 2.2.6.

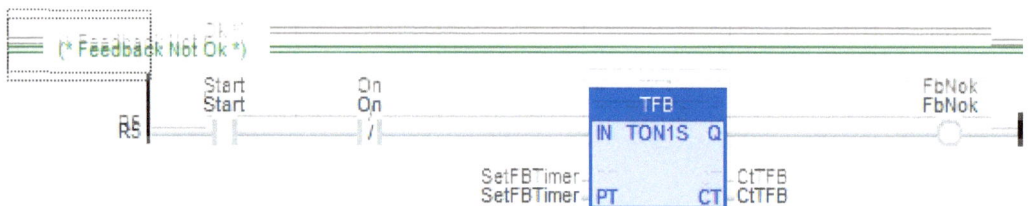

La variabile di uscita FbNok verrà utilizzata da una strategia di sequenza, di livello superiore, per avviare, in alternativa, altri macchinari eventualmente disponibili.

Le righe successive R6-R11 impostano delle variabili booleane interne in funzione dei valori dei registri RemCmd e LocCmd come mostrato nella figura 2.2.7 - 2.2.9. Se i registri sono uguali a 0 sono attivate le variabili RemAut (funzionamento remoto posto in automatico) e LocSed (funzionamento locale impostato a Seada):

(* RemCmd and LocCmd decoding *)

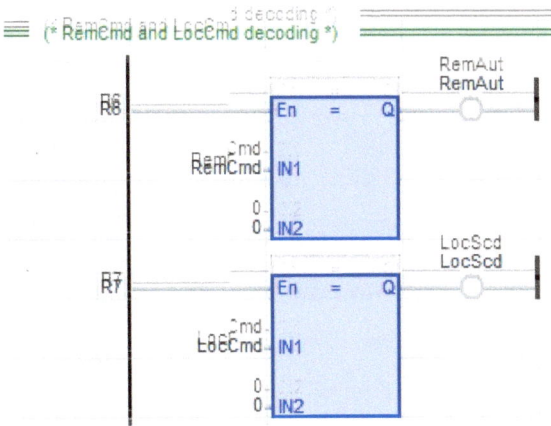

Se i registri sono uguali a 1 sono attivate rispettivamente le variabili RemZero (funzionamento remoto impostato a zero) e LocScd (funzionamento locale impostato a zero).

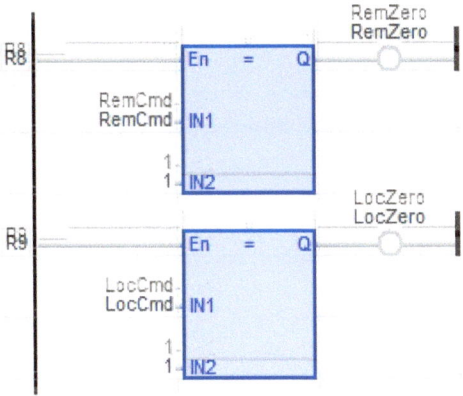

Se i registri sono maggiori di 1 sono attivate rispettivamente le variabili RemStart (funzionamento remoto impostato a start) e LocStart (funzionamento locale impostato a start).

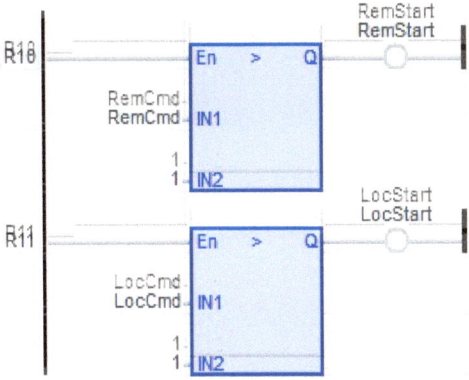

La successiva riga R12 viene utilizzata per impostare la variabile in uscita Ready (pronto a partire) anche essa utilizzata dalla strategia di sequenza macchinari come mostrato in figura 2.2.10:

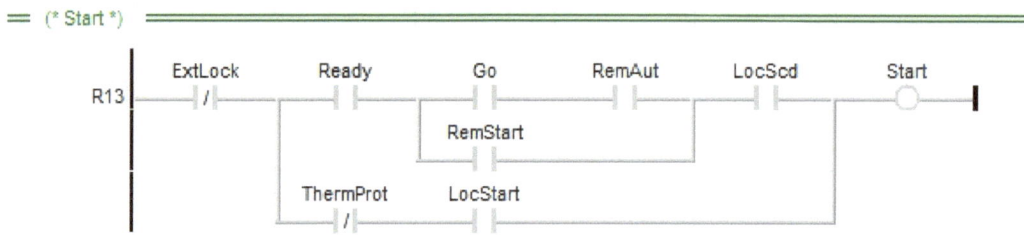

La variabile Ready viene impostata a vero in assenza delle condizioni di protezione termica, blocco esterno, interdizione e di zero sia in remoto che locale.

La riga R13 viene utilizzata per impostare la variabile in uscita Start utilizzata per comandare l'avvio del macchinario come mostrato in figura 2.2.11.

Seguendo il flusso logico del ramo diretto osserviamo che la variabile Start viene attivata in assenza di blocco esterno ed in presenza della variabile Ready, pronto a partire, della variabile Go impostata dalla strategia di sequenza macchinari, e delle variabili RemAut funzionamento remoto in automatico e LocScd funzionamento locale predisposto per lo Scada.

Il ramo parallelo con il contatto RemStart viene utilizzato per avviare il macchinario in remoto, da sistema Scada, by-passando la serie dei contatti Go e RemAut.

Il ramo inferiore con il contatto LocStart viene utilizzato per avviare immediatamente il macchinario in locale sempre che le sicurezze ExtLoc e ThermProt non siano intervenute.

Le successive righe R14 e R15 gestiscono il conteggio del numero di avvii ed il suo reset al superamento del valore di 30.000 come mostrato in figura 2.2.11. Ad ogni avvio del motore, contraddistinto dalla transizione positiva, da 0 a 1, della variabile booleana On viene incrementato di 1 il contatore degli avvii che viene riimpostato al valore iniziale di 1 al superamento del valore soglia di 30.000.

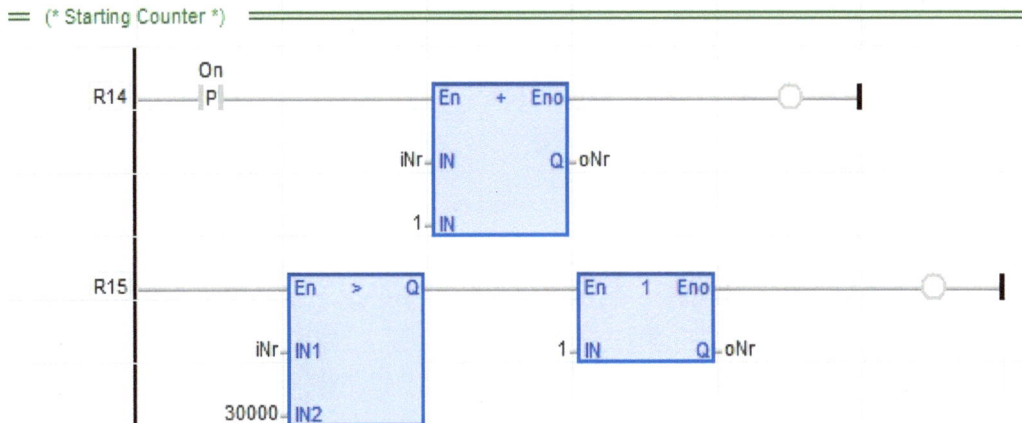

Le righe R16-R22 gestiscono il conteggio delle ore di funzionamento ed il reset al superamento del valore di 30.000 o all'attivazione del parametro di ingresso rhReset come mostrato in figura 2.2.12. I secondi trascorsi in condizione di On vengono totalizzati nella variabile secCounter ed al superamento del valore di 3600 viene impostata la flag impulsiva ionhours mentre il contatore secCounter viene azzerato come mostrato in figura 2.2.13.

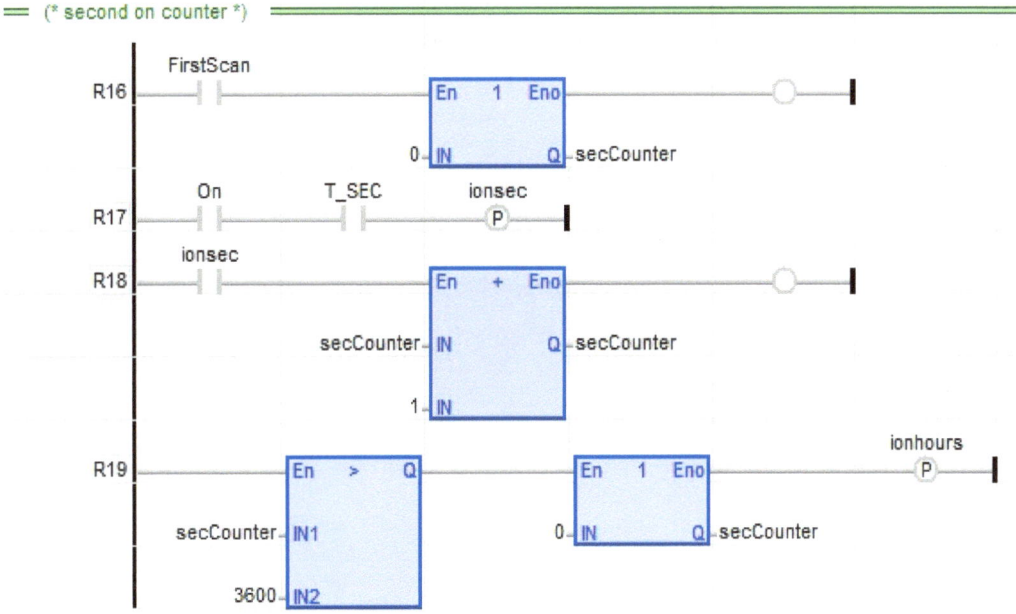

La flag impulsiva ionhours incrementa di 1 il valore delle ore di funzionamento come mostrato in figura 2.2.14.

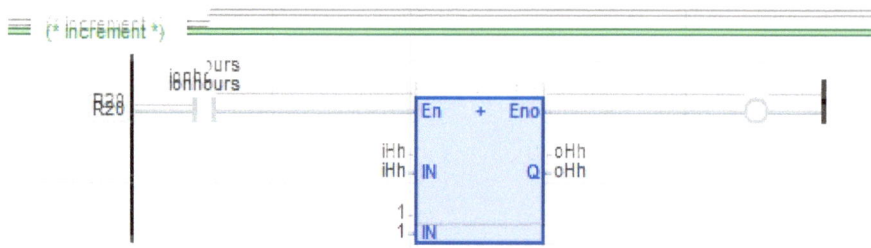

Al superamento del valore di 30.000 il contatore delle ore viene riinizializzato ad 1 mentre quello dei secondi viene azzerato come mostrato in figura 2.2.15. Se risulta vera la variabile rhReset vengono resettati sia il numero di avviamenti che le ore di funzionamento. Questa possibilità può essere usata in caso di sostituzione di un motore danneggiato con un nuovo.

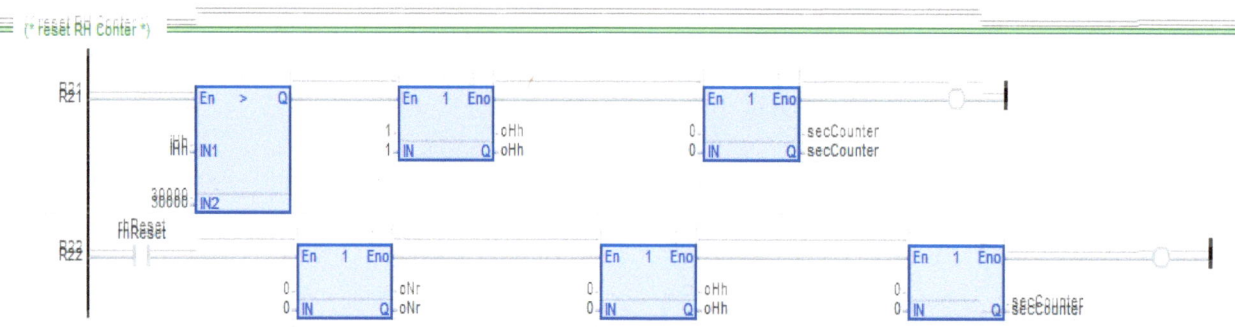

Le successive righe R23-R31 sono dedicate alla impostazione della variabile di uscita Status, utilizzata sia dall'interfaccia HMI che dal sistema Scada per decodificare lo stato del macchinario. Le righe R23-24, come mostrato in figura 2.2.16, gestiscono gli stati di On (valore 1) e On tramite selettore a fronte quadro (valore di 3). Questo ultimo stato è infatti relativo alla presenza del segnale di On pur in assenza di comando da parte del PLC.

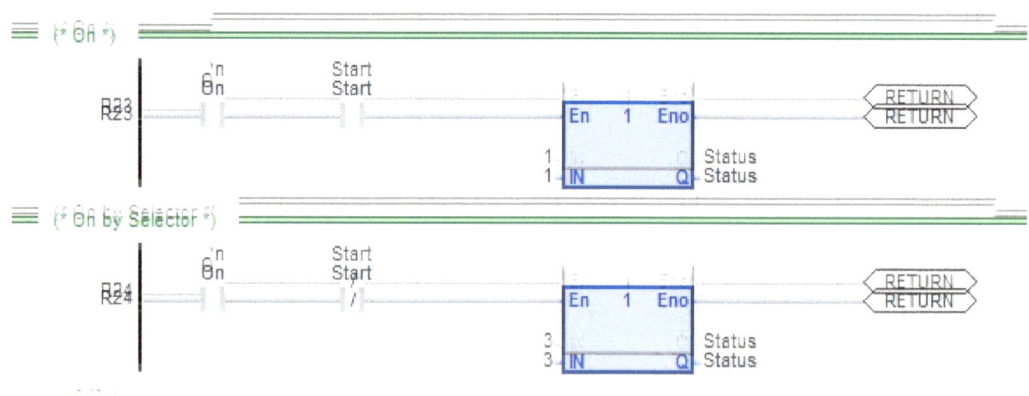

Le righe R25-31 gestiscono gli stati di Off. Se il macchinario è Off in condizioni normali viene impostato il valore 4; se invece è posto a zero da remoto viene impostato il valore 5 e se zero in locale il valore 6 come mostrato in figura 2.2.17:

Se il macchinario è Off per intervento della protezione termica viene impostato il valore 18; se invece è posto a zero per intervento della protezione esterna viene impostato il valore 32, come mostrato in figura 2.2.18:

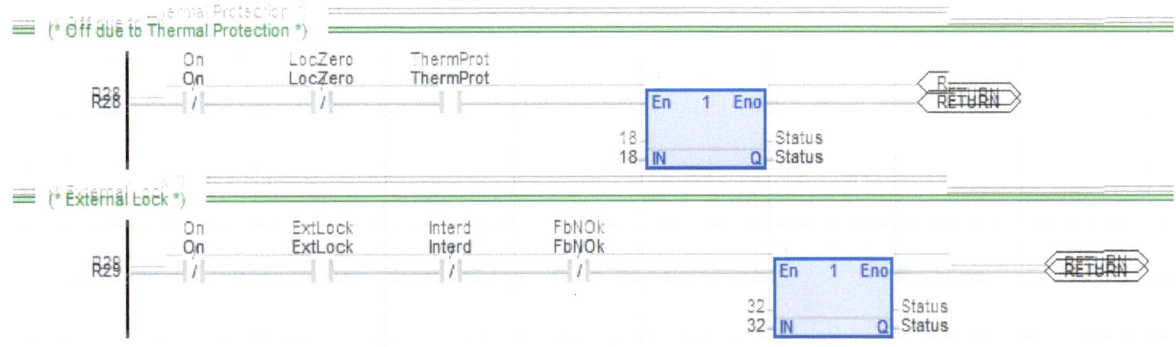

Infine se il macchinario è Off per intervento del timer di interdizione viene impostato il valore 64; se invece risulta Off in presenza della segnalazione di mancato stato per intervento della protezione esterna viene impostato il valore 130, come mostrato in figura 2.2.19. La giustificazione di questi valori apparentemente strani verrà fornita più avanti quando parleremo degli attributi per gestire il colore nelle segnalazioni HMI:

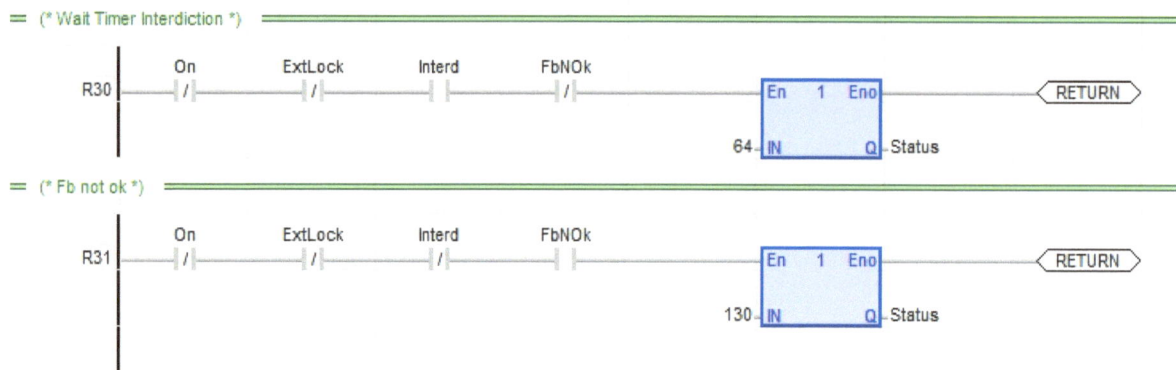

Da notare la presenza dell'istruzione RETURN alla fine di ogni riga. Tale istruzione restituisce il flusso logico al programma chiamante bypassando le righe di istruzioni successive.

In sintesi **per ogni macchinario da gestire sono necessari 6 registri a 16 bit del PLC**. Potremo usare il primo per aggregare tutte le variabili booleane di ingresso e uscita: ExtLock, On, ThermProt, rhReset e FbNok, Ready e Start.

Altri due registri sono necessari per memorizzare i comandi remoti e locali RemCmd e LocCmd.

Il quarto registro è necessario per memorizzare la variabile di uscita Status per la decodifica dello stato di funzionamento.

Il quinto e sesto registro sono usati per memorizzare il numero di avviamenti e le ore di funzionamento.

Tali registri andranno dichiarati nelle tabelle delle variabili globali e ritentive; i comandi RemCmd, LocCmd, gli avvii e le ore di funzionamento nella parte ritentiva, affinché conservino i loro valori tra un avviamento e l'altro del PLC.

La figura 2.2.20 sottostante mostra le variabili ritentive da dichiarare per il nostro esempio.

```
Retain Variables
Ep1SewCmdRem    INT    %R12
Ep1SewCmdLoc    INT    %R13
Ep1SewNr        INT    %R15
Ep1SewHH        INT    %R16
Ep2SewCmdRem    INT    %R22
Ep2SewCmdLoc    INT    %R23
Ep2SewNr        INT    %R25
Ep2SewHH        INT    %R26
EpSewSeqSet     INT    %R302
SetTmrAlm       INT    %R317
SetTmrFb        INT    %R319
SetTmrIntEM     INT    %R320
```

Passiamo adesso ad analizzare le schermate HMI per il blocco funzionale Electric Motor.

2.3 L'interfaccia HMI per ElectricMotor

La visualizzazione locale, sul tastierino HMI, prevede la visualizzazione, per ogni macchinario, delle variabili di ingresso e uscita, descritte nei capitoli precedenti, nonché la possibilità di comandare in locale l'avvio o arresto del macchinario con priorità rispetto alle strategie di controllo automatico. L'operatore utilizzerà questa opzione nel caso in cui uno dei macchinari risulti malfunzionante e quindi vada escluso ovvero in fase di test del sistema di controllo qualora voglia verificare il corretto funzionamento della catena di automazione, cablaggi elettrici compresi. Il dispositivo HMI mostrerà i valori dei registri o sotto forma numerica come nel caso del numero di avviamenti o delle ore di funzionamento o sotto forma di stringa alfanumerica per i comandi remoto e locale e per lo stato. La corrispondenza tra valore numerico e stringa alfanumerica di testo è decodificata da apposite tabelle configurate sul dispositivo HMI.

Prendiamo come esempio la tipica visualizzazione relativa ad una elettropompa all'interno di una pagina grafica STATUS mostrata in figura 2.3.1. Partendo dall'alto verso il basso abbiamo sei oggetti grafici:

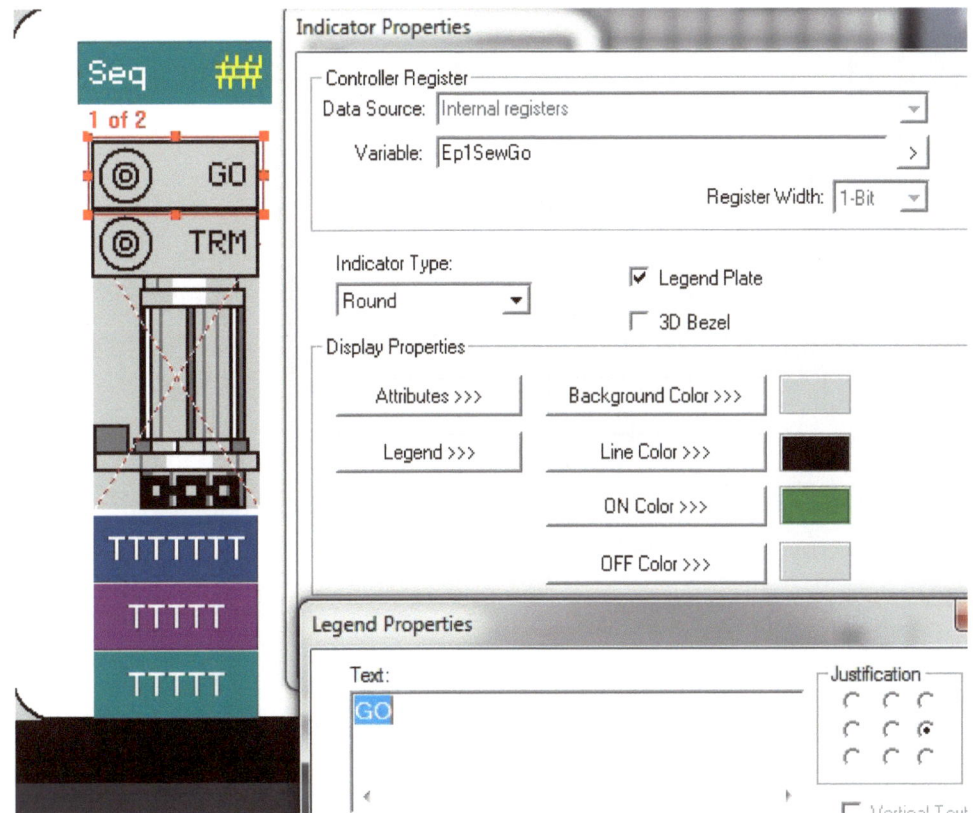

Il primo è un indicatore associato alla variabile booleana Ep1SewGo. Se la pompa è On l'indicatore si colora di verde (ON Color) altrimenti rimane di color grigio (Off Color). La legenda dell'indicatore, giustificata a destra, è il testo GO.

Il secondo oggetto grafico è anche esso un indicatore, come mostrato in figura 2.3.2:

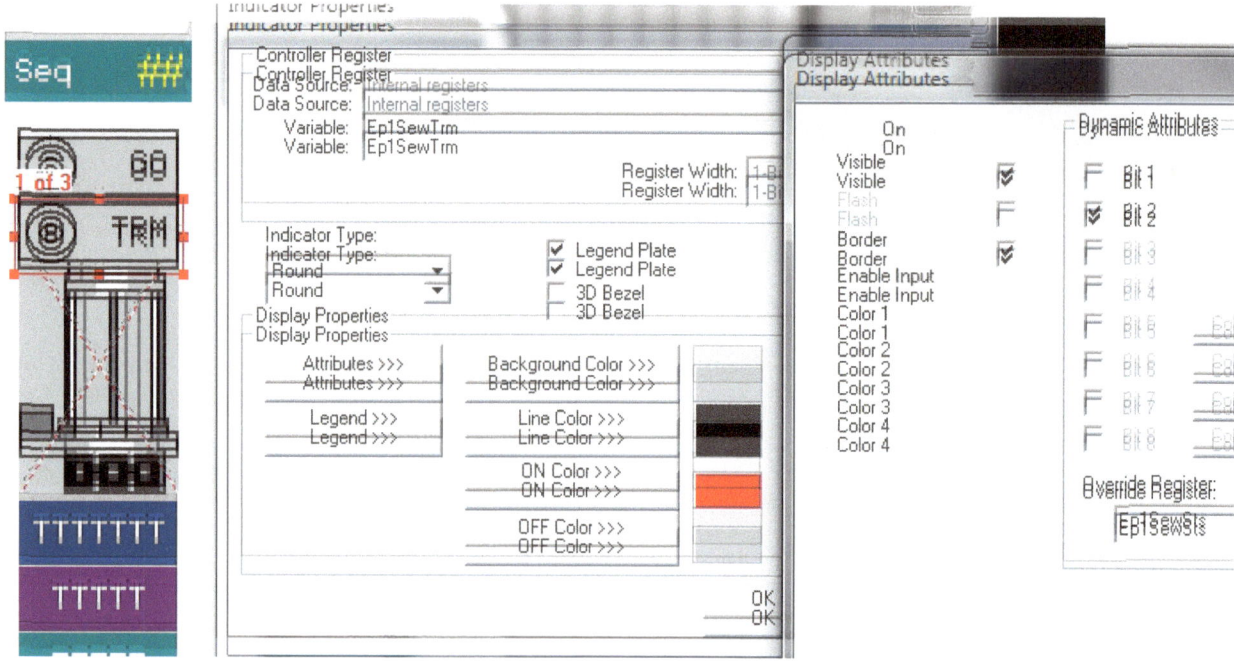

L'indicatore è associato alla variabile booleana Ep1SewTrm. Se la pompa è in allarme termico l'indicatore si colora di rosso (ON Color) altrimenti rimane di color grigio (Off Color). In più, essendo associato anche al registro di Override Ep1SewSts, l'indicatore diventa lampeggiante quando il bit 2 del registro di stato è ON (pompa in allarme termica) per richiamare l'attenzione dell'operatore. La legenda dell'indicatore, giustificata a destra è il testo TRM.

Anche il terzo controllo grafico, definito come immagine bitmap, mostrato in figura 2.3.3 ha un comportamento dinamico:

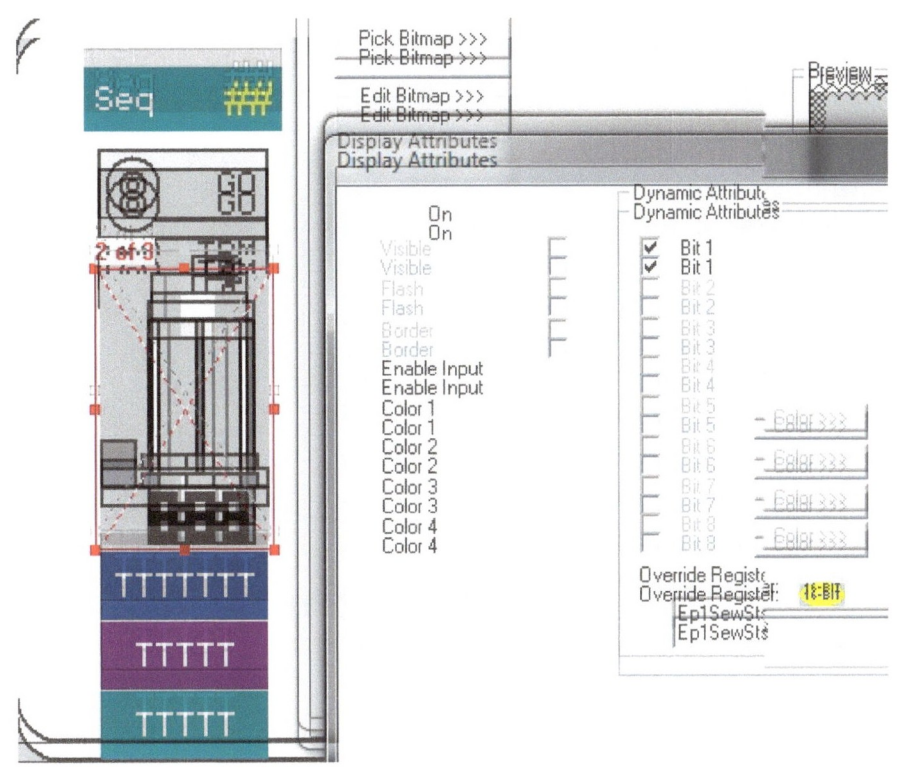

Il simbolo della pompa diventa visibile se il bit 1 del registro di Override Ep1SewSts è 1.

Il quarto controllo grafico, mostrato in figura 2.3.4, è di tipo Text Table Data ed è associato al registro di stato Ep1SewSts. Il testo visualizzato dinamicamente è definito nella tabella interna n.1, come mostrato in figura 2.3.5.

Il visualizzatore del registro di stato viene configurato con la finestra di dialogo "Text Table Data Properties". Occorre innanzitutto indicare nel gruppo Data Source il nome della variabile che contiene il registro di stato; EpSts1 nel nostro esempio. Successivamente occorre definire il Data Format e cioé la giustificazione del testo, il Font grafico, il numero di caratteri alfanumerici; 7 nel nostro esempio e soprattutto il numero della tabella di decodifica Text Table; 1 nel nostro esempio. Tale tabella viene configurata selezionando il bottone di comando Text Table; con il pulsante Add si inseriscono i valori numerici che il registro può assumere ed il relativo testo che corrisponde a tale valore. Nella nostra ricetta di automazione si specificheranno le seguenti coppie valore - testo, congruentemente con quanto definito nella logica di controllo del blocco funzionale illustrata nel capitolo precedente.

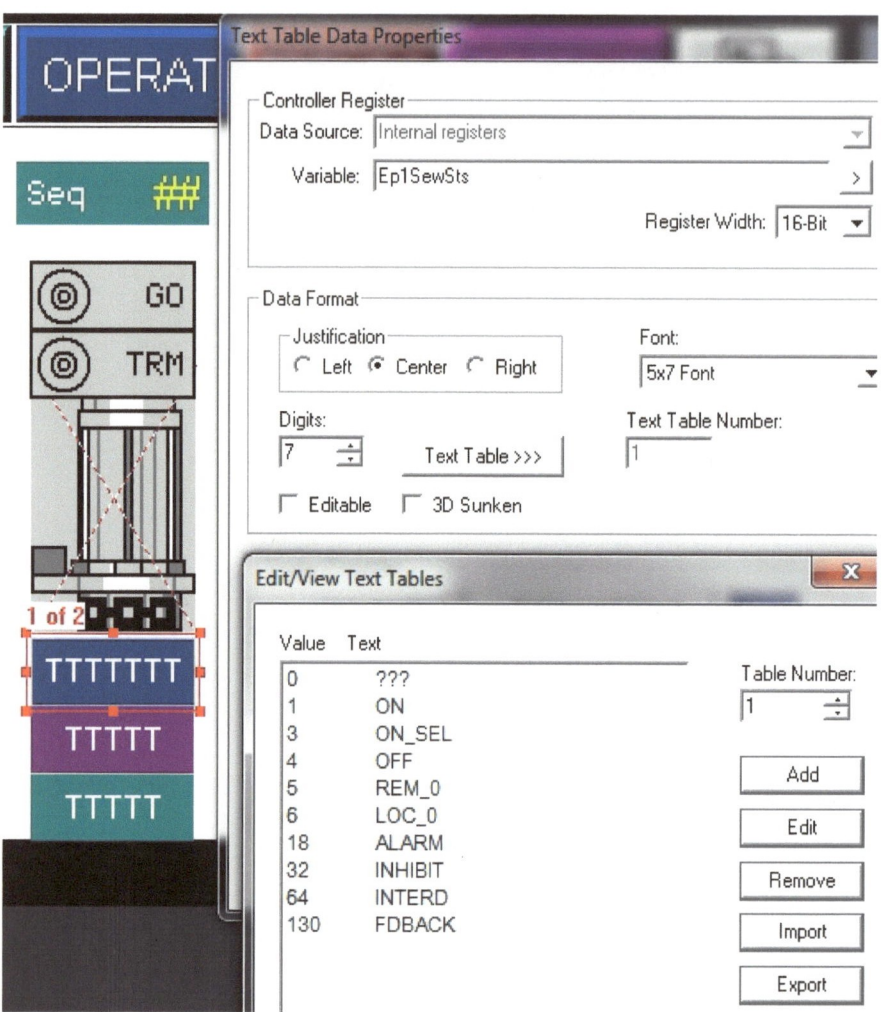

Il significato dei valori apparentemente strani quali 32, 64 ecc diviene chiaro analizzando le impostazioni del gruppo Display Attributes il cui Override Register è posto pari proprio al registro di stato, come mostrato in figura 2.3.5.

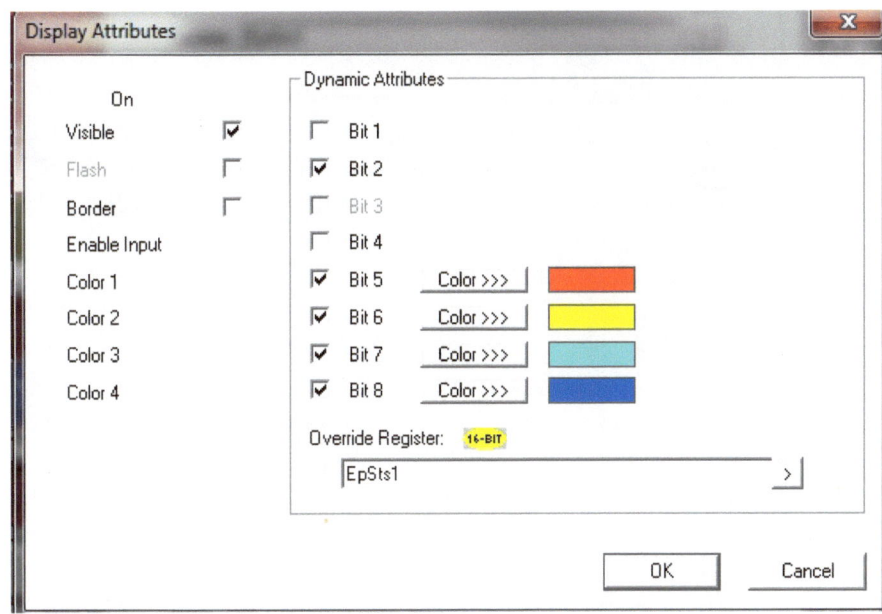

Il valore 3 corrispondente allo stato ON_SEL, On da selettore fronte-quadro, produce la attivazione contemporanea dei Bit 1 e 2 (3 in binario si scrive 00000011). Il Bit 1 non ha attributi dinamici ma il Bit 2 fa sì che il testo ON_SEL sia visualizzato in modalità Flash per attirare l'attenzione dell'operatore.

Il valore 18 corrispondente allo stato ALARM produce la attivazione contemporanea dei Bit 2 e 5 (18 in binario si scrive 00010010) il che corrisponde agli attributi dinamici di Flash e di colore di background Rosso.

Il valore 32 corrispondente allo stato INHIBIT produce la attivazione del Bit 6 a cui corrisponde il colore di background Giallo.

Il valore 64 corrispondente allo stato INTERD produce la attivazione del Bit 7 a cui corrisponde il colore di background Magenta.

Infine il valore 130 corrispondente allo stato FDBACK produce la attivazione contemporanea dei Bit 2 e 8 il che corrisponde agli attributi dinamici di Flash e di colore di background Blu.

Il quinto controllo grafico è di tipo Text Table Data, come mostrato in figura 2.3.6, ed è associato al registro di stato Ep1SewCmdLoc. Il testo visualizzato dinamicamente è definito nella tabella interna n.6.

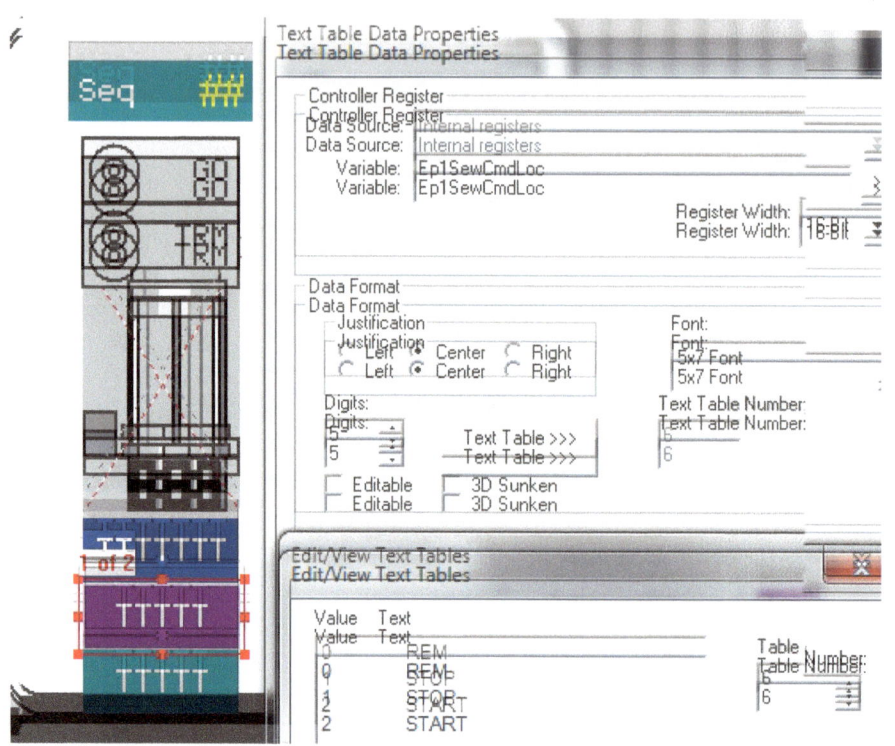

In modo analogo la tabella 2 decodifica il registro RemCmd di comando remoto: il valore 0 visualizza il testo AUT, 1 il testo STOP e 2 il testo START come mostrato in figura 2.3.7:

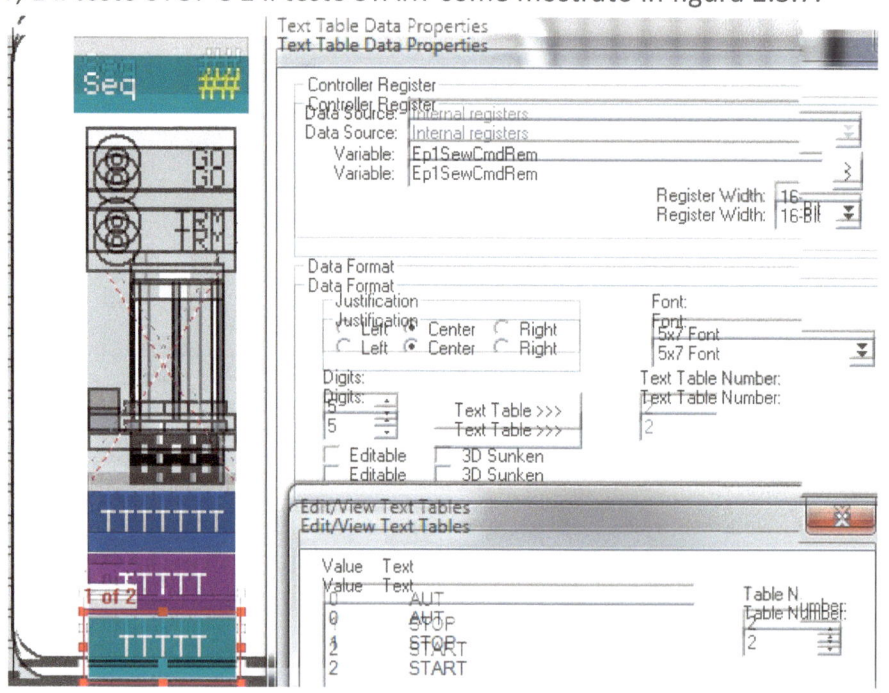

La pagina STATUS fornisce il monitoraggio del nostro macchinario elettrico; tutte le grandezze sono in sola lettura, e sono rese accessibili all'utente di ruolo più basso VIEWER.

Per poter implementare i comandi locali utilizziamo una nuova pagina grafica OPERATOR. Prendiamo in esame la visualizzazione relativa alle elettropompe dell'esempio, mostrata in figura 2.3.8:

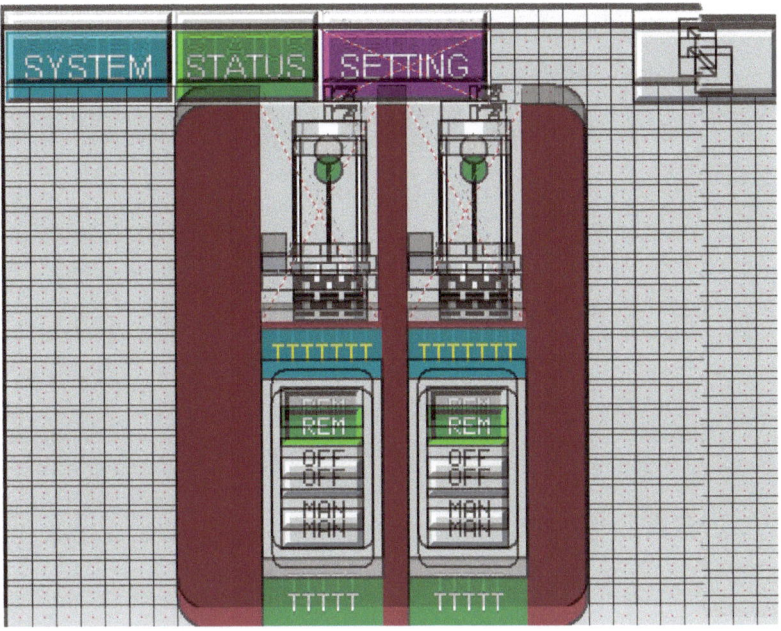

Viene utilizzato l'oggetto grafico, selettore a tre posizioni, per abilitare l'operatore ad inviare i comandi mutuamente esclusivi di REM, 0 e MAN corrispondenti ai valori 0, 1, e 2 del registro denominato EpCmdLoc1 come mostrato in figura 2.3.9.

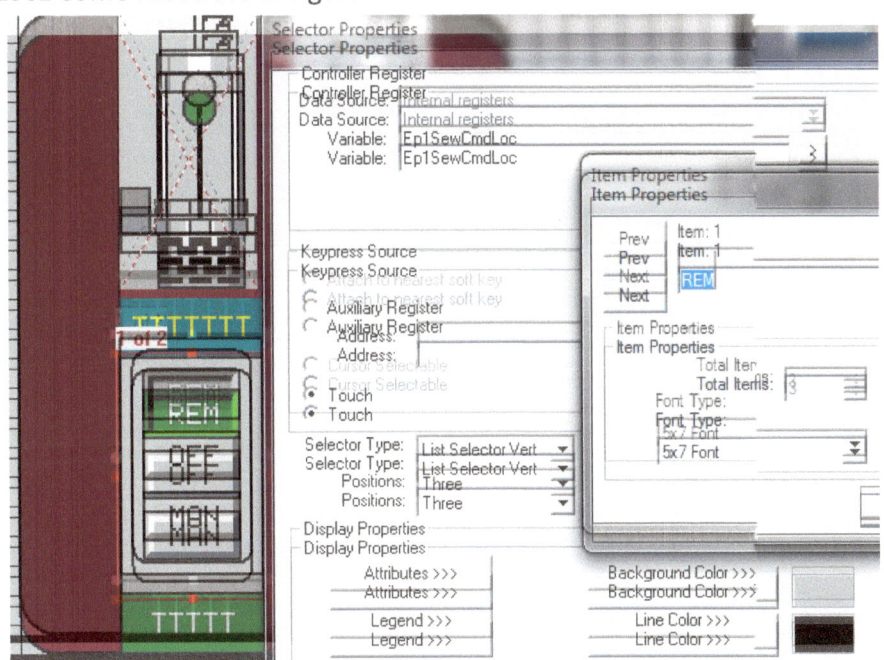

Rimangono da visualizzare il numero di avviamenti e le ore di funzionamento. Ai fini manutentivi è consigliabile raggruppare tutte le ore di funzionamento ed il numero di interventi in una unica schermata HMI denominata HOURS, mostrata in figura 2.3.10.

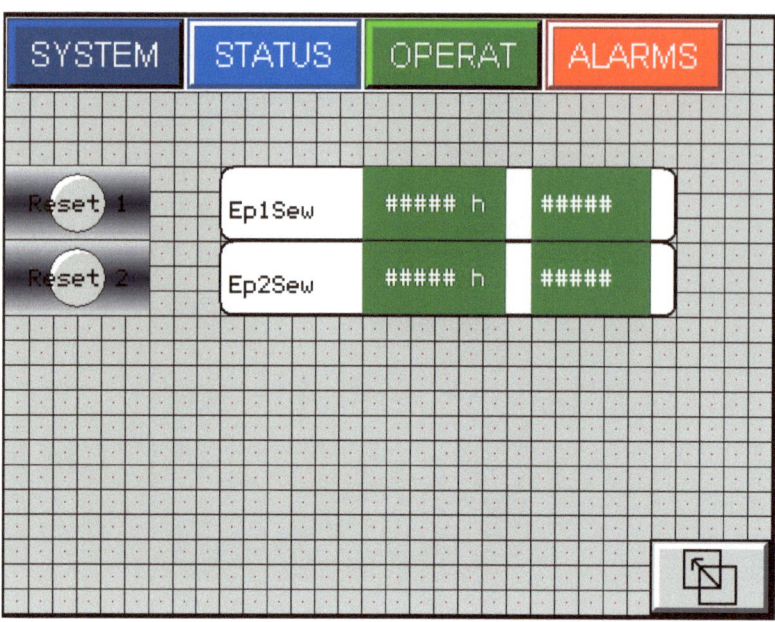

L'oggetto grafico Numeric Data consente di associare la variabile Ep1CondHH visualizzandola in formato decimale a cinque cifre (valore max è di 30.000) e con unità ingegneristica h come mostrato in figura 2.3.11.

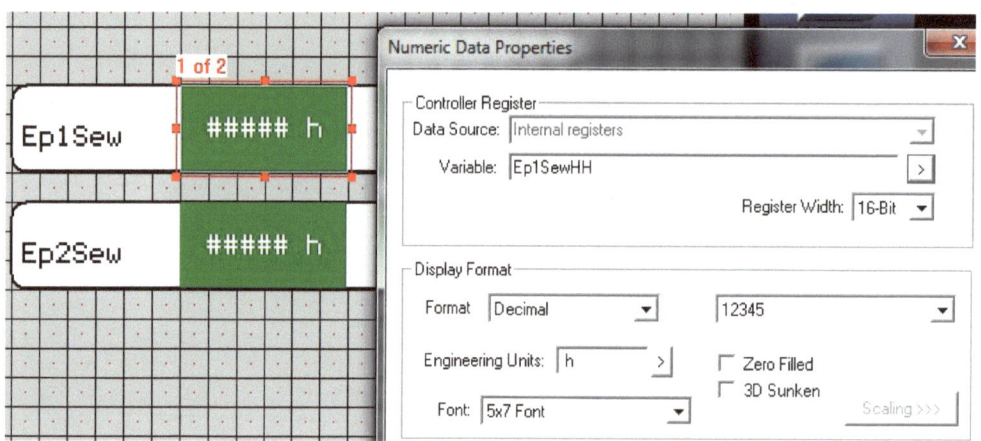

In modo analogo viene gestito il numero di interventi omettendo però di dichiarare la unità ingegneristica come mostrato in figura 2.3.12.

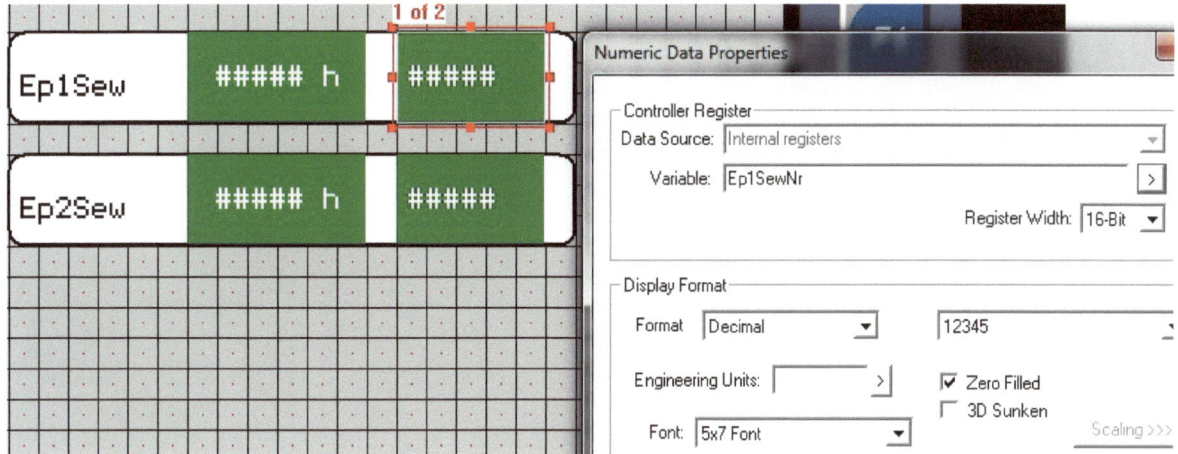

Per consentire il reset sia delle ore di funzionamento che del numero di interventi si utilizzerà il controllo Switch con azione Momentary come mostrato in figura 2.3.13.

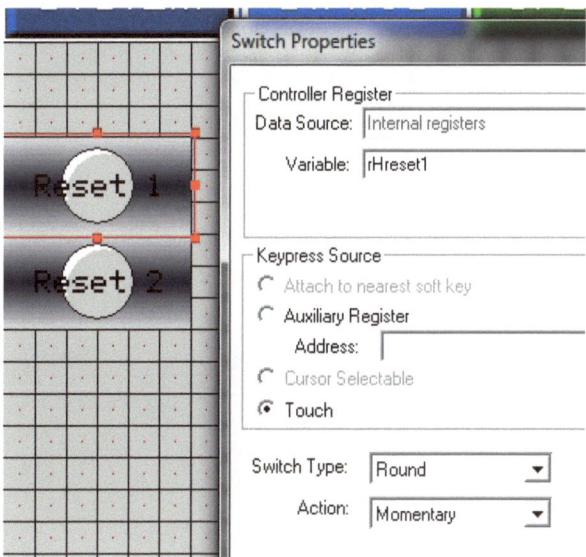

Questa funzione si rende necessario in caso di sostituzione di una pompa usurata con una di nuova installazione.

La descrizione della ricetta ElectricMotor è completata. Le pagine grafiche HMI fin qui illustrate possono essere facilmente duplicate su un sistema Scada di supervisione remota, estendendo quindi le funzionalità del tastierino HMI, anche ad operatori remoti, collegati via rete Internet, che possono acquisire e comandare completamente i macchinari stessi.

3. Un esempio concreto

3.1 La stazione di sollevamento acque reflue

L'esempio che vogliamo mostrare illustra l'automazione di una stazione di pompaggio di acque meteoriche analoga a quella mostrata in figura 3.1.1. La stazione opera all'interno di una vasca di raccolta ed è equipaggiata con due elettropompe sommergibili e con tre livellostati: uno di comando posto all'altezza di lavoro e due di allarme di minimo e massimo livello.

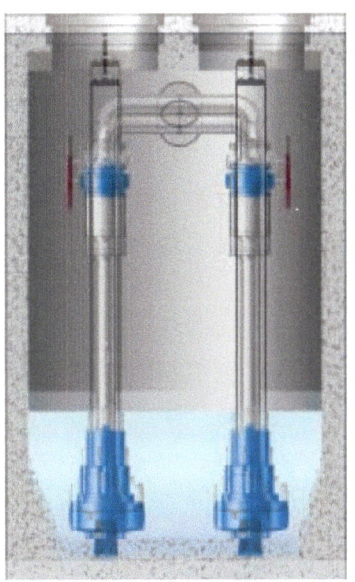 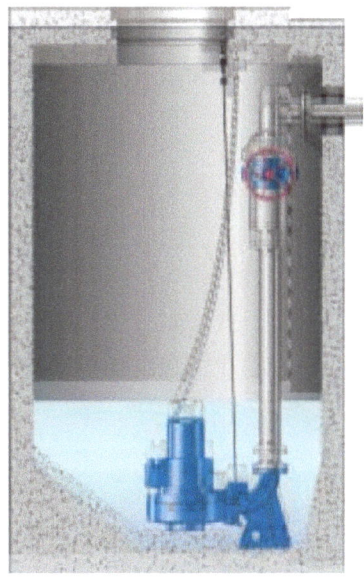

Le funzioni di controllo e monitoraggio, che vogliamo implementare, possono essere così riassunte:

A) Controllo del livello nel bacino di raccolta mediante i segnali provenienti da livellostati.

B) Alternanza ciclica delle pompe per garantire l'uniformità di usura con sostituzione automatica delle pompe in blocco per avaria.

C) Rilevazione delle ore di funzionamento e del numero di interventi per ciascuna pompa con rispetto del numero massimo di avvii orari consigliato dal costruttore.

D) Gestione degli allarmi impianto con azionamento di sirena esterna per un tempo prefissato programmabile da tastierino.

F) Visualizzazione sinottica, stati e allarmi su pannello operatore.

I) Comando locale di marcia-arresto tramite pannello operatore.

L) Presa visione e azzeramento allarmi su pannello operatore.

In base alle specifiche funzionali costruiamo la mappa di interfacciamento. Per ciascuna delle pompe sommergibili dobbiamo prevedere due ingressi ed una uscita digitali. Aggiungeremo poi gli ingressi digitali relativi ai tre livellostati.

Infine prevederemo una ulteriore uscita digitale per la sirena d'allarme.

La tabella finale che ne risulta è mostrata in figura 5.2.1:

Nome	I Digitale	U Digitale
Pompa 1	2	1
Pompa 2	2	1
Livellostati	3	
Sirena		1
Totale	7	3

Abbiamo quindi 7 ingressi digitali e 3 uscite digitali.

3.2 La subroutine Init

Motivazioni

La subroutine di inizializzazione Init consente di impostare dei valori iniziali di default per i setpoint di temporizzatori e contatori che, ove impostati a valori nulli, causerebbero dei comportamenti anomali della logica di controllo.

La logica PLC

Le righe R1-R4 impostano, come mostrato in figura 3.2.1. dei valori iniziali, per i setpoint dei quattro temporizzatori utilizzati nell'esempio. Tali valori, contenuti nei registri SetTmrAlm, EpSewSeqSet, SetTmrIntEM, SetTmrFb, potranno essere modificati dall'operatore agendo sulla apposita schermata CONFIG.

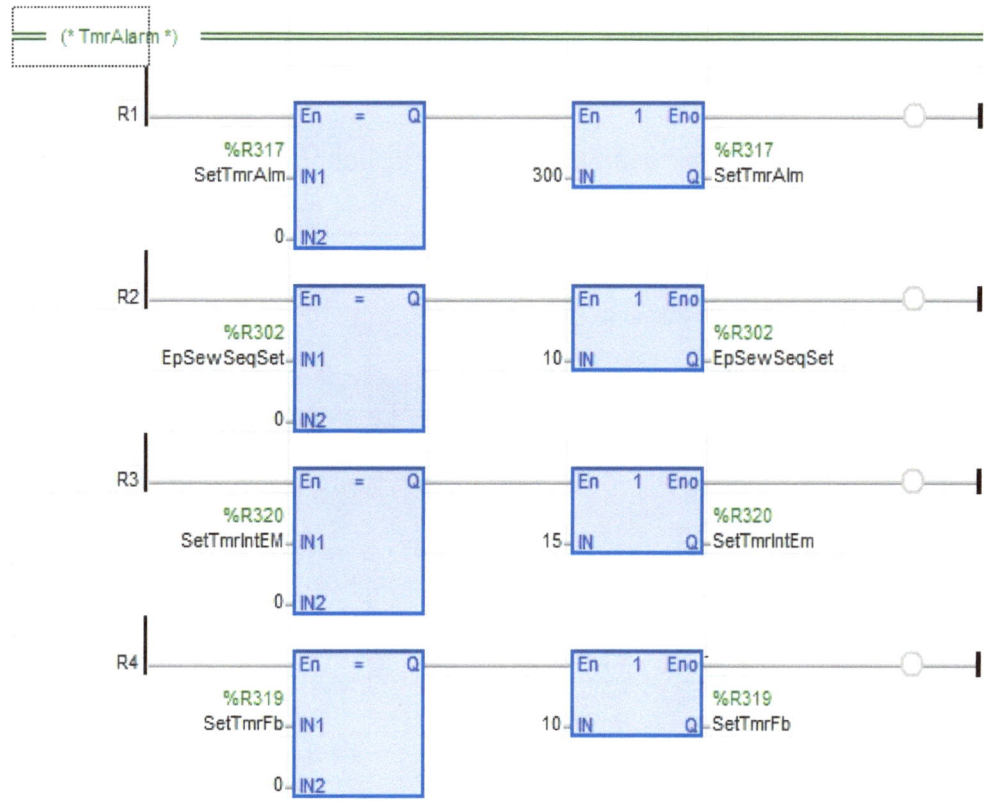

La riga R1 imposta a 300 s il registro SetTmrAlm del timer della sirena di allarme.

La riga R2 imposta a 10 s il registro EpSewSeqSet del timer di interdizione della stazione di pompaggio, il significato di questo temporizzatore risulterà chiaro in occasione della trattazione del blocco funzione del sequenziatore gemellare Mot2Seq.

La riga R3 imposta a 15 s il registro SetTmrIntEM del timer di interdizione al riavvio di cui al blocco funzione ElectricMotor.

La riga R4 imposta a 10 s il registro SetTmrFb del timer di controllo del mancato stato utilizzato anche esso dal blocco funzione ElectricMotor.

Il richiamo dal main

La riga R1 del programma main richiama Init incondizionatamente, come mostrato in figura 3.2.2:

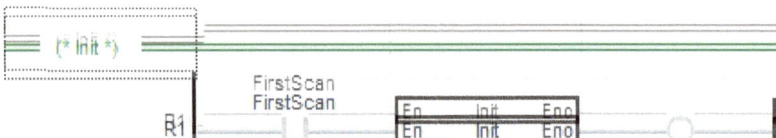

E' chiaro infatti che questa subroutine dovendo fornire dei valori di default alle altre dovrà essere la prima ad essere richiamata nel programma main.

L'interfaccia HMI

La schermata CONFIG, mostrato in figura 3.2.3, permette di impostare i set-point dei quattro temporizzatori:

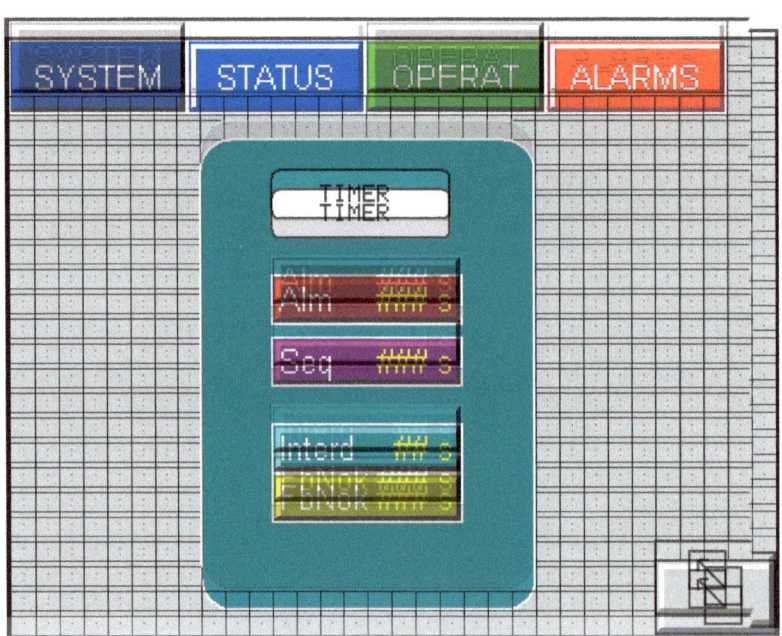

Per ciascun set-point si utilizzerà, come mostrato in figura 3.2.4, un controllo Numeric Data, impostato come editabile, indicando altresì il registro da modificare come variabile, SetTmrAlm per il primo temporizzatore, il formato decimale con 3 cifre e l'unità ingegneristica s per i secondi.

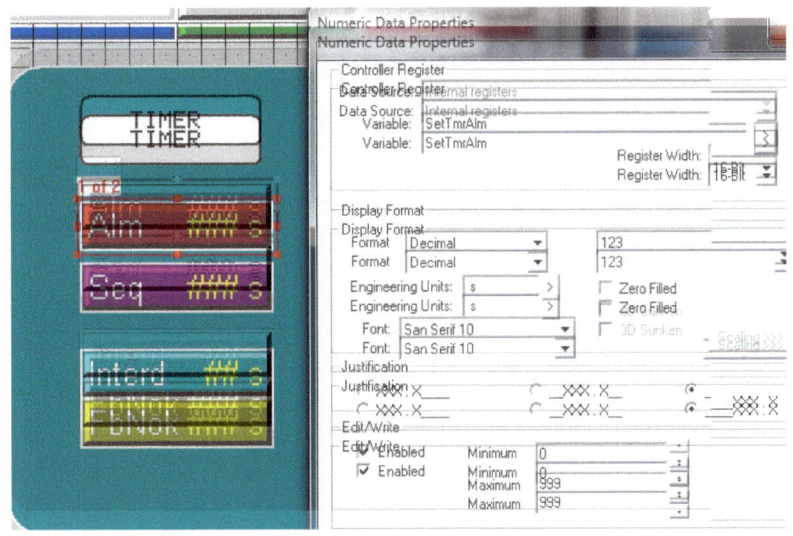

In maniera analoga si procederà con gli altri tre temporizzatori.

3.3 La subroutine ScadaCmd

Motivazioni

Il protocollo di dialogo tra il PC-Scada ed il PLC, sia esso Modbus, Profibus o altro, ha la necessità di trasferire un certo numero di registri adiacenti come un unico blocco di variabili con indirizzo contiguo. A tali variabili associerà i vettori di variabili "tag" utilizzate come celle di memoria contigue per il sistema Scada.

All'interno del PLC può invece essere richiesto un diverso modo di raggruppare tali registri; per esempio può risultare più comodo raggruppare in maniera contigua tutti i registri relativi ad una stessa apparecchiatura.

La logica PLC

La subroutine CmdScada permette il disaccoppiamento tra i registri di dialogo e quelli operativi semplicemente ricopiando, ad ogni ciclo del PLC, i primi, normalmente definiti come elementi di un vettore, sui secondi.

La figura mostra come i comandi remoti provenienti dal sistema Scada siano associati ad un vettore di registri V_CmdSewPumps[] con inizio da %R801 fino a %R80N con N = numero totale delle pompe.

Tali registri vengono ricopiati rispettivamente sui registri Ep1SewCmdRem associato a %R12, Ep2SewCmdRem associato a %R22, e così via, come mostrato in figura 3.3.1.

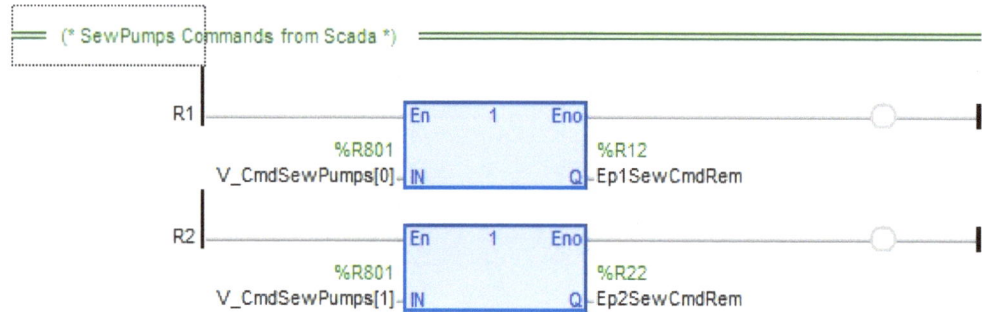

Il richiamo dal main

La riga R2 del programma main richiama ScadaCmd a condizione che non sia settata la variabile DebugDI. Per semplicità non si è ritenuto infatti di dover introdurre una variabile specifica di debug ma si è preferito riutilizzare DebugDI, come mostrato in figura 3.3.2.

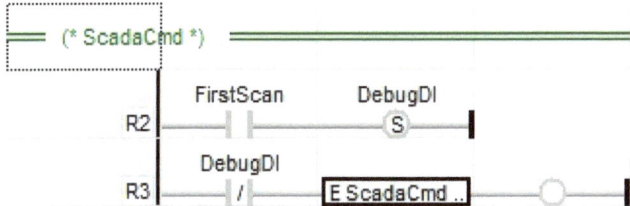

E' chiaro che terminata la fase di test la riga R2 dovrà essere modificata per resettare, alla prima scansione, la flag DebugDI.

L'interfaccia HMI

Le schermate STATUS e OPERAT, già illustrate nel capitolo 2.3, contengono i riferimenti ai registri Ep1SewCmdRem e Ep2SewCmdRem dei comandi remoti delle elettropompe sommergibili dell'esempio.

3.4 La subroutine VirtualDI

Motivazioni

Analizziamo subito una subroutine legata alla gestione degli ingressi digitali.

La subroutine, chiamata VirtualDI, nasce per soddisfare una serie di esigenze:

1) concentrare in un unico sotto-programma tutti i segnali digitali di ingresso in modo da facilitarne il debug visivo;

2) centralizzare l'eventuale inversione del contatto NA - NC in caso di discordanza tra il cablaggio previsto in progetto e quello effettivamente realizzato. In assenza di VirtualDI si sarebbe costretti, per effettuare l'inversione, a ricercare tutte le ricorrenze di tale contatto all'interno di tutte le subroutine programmate;

3) consentire l'associazione virtuale, in sede di debug, della flag di Start di un dato macchinario con quella di On onde disattivare la segnalazione di mancato stato che si avrebbe in assenza dei cablaggi effettivi;

4) consentire l'attivazione virtuale, in sede di debug, del consenso del relé di protezione termica in assenza del relativo cablaggio;

5) consentire la gestione di ingressi, derivanti da dialogo seriale o tramite fieldbus, in maniera virtualmente analoga a quelli nativi.

La logica PLC

La figura 3.4.1 mostra un esempio dell'utilizzo di VirtualDI per le due pompe della stazione di pompaggio:

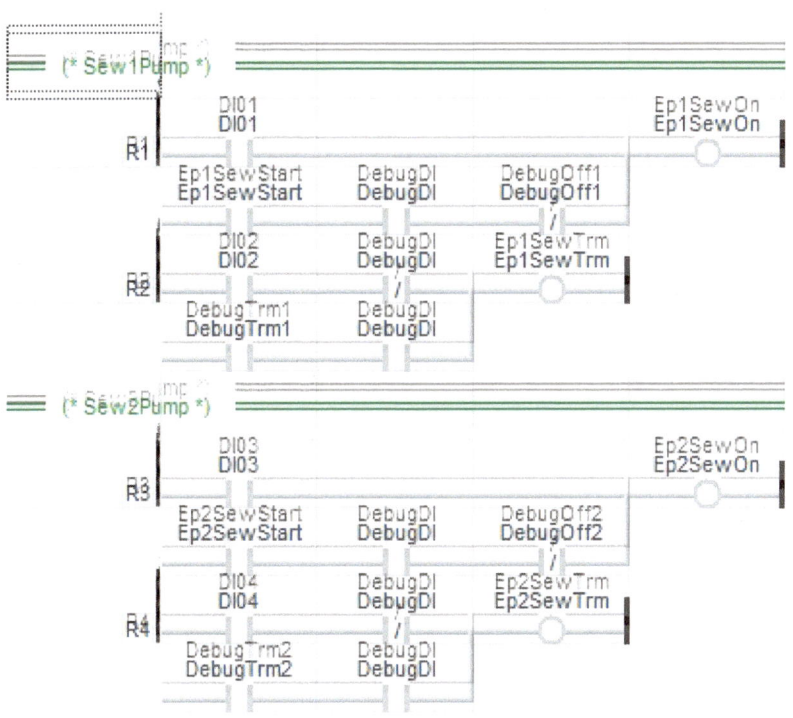

Le istruzioni utilizzate nella riga R1 sono quelle elementari di contatto in serie tra Ep1SewStart, DebugDI e DebugOff1 negato da mettere in parallelo a DI01 per eccitare la bobina della flag Ep1SewOn. Quindi nel funzionamento normale, con la flag DebugDI disattivata, il flusso logico passerà o meno da DI01, a seconda del suo valore pari ad 1 o a 0, e di conseguenza ecciterà o meno Ep1SewOn.

Se invece siamo con la flag DebugDI attiva la nostra bobina prenderà il valore di Ep1SewStart anche in assenza del consenso di DI01 a meno che non sia attiva la flag DebugOff1: il significato del parallelo logico è proprio questo; nel funzionamento normale (DebugDI posto a 0) il flusso logico procede solo dal ramo superiore del parallelo mentre se siamo in fase di Debug (DebugDI = 1) può procedere anche dal ramo inferiore purché sia attiva Ep1SewStart. E' chiaro che useremo il DebugDI fintanto che i nostri DI non saranno ancora stati cablati per cui avranno sempre valore pari a 0.

La riga R2 è un po' più semplice perché è una semplice serie tra il contatto DI02 ed il negato logico di DebugDI. Quindi in caso di DebugDI pari a 1 il suo valore negato sarà 0 e quindi la segnalazione di allarme termica Ep1SewTrm sarà sicuramente pari a 0, indipendentemente dal valore di DI02.

Le righe R3 e R4 si comportano allo stesso modo per la seconda pompa.

Seguono, come mostrato in figura 3.4.2, le righe R5 - R7 per la gestione dei tre livellostati. In assenza di DebugDI, il livellostato associato all'ingresso digitale DI09 controlla il livello minimo di allarme (0 = allarme => spegni entrambe le pompe e segnala allarme); il livellostato associato all'ingresso digitale

DI10 controlla il livello operativo (0 -> spegni pompa, 1 -> avvia pompa); il livellostato associato all'ingresso digitale DI11 controlla il livello massimo di allarme (1 = allarme -> avvia entrambe le pompe).

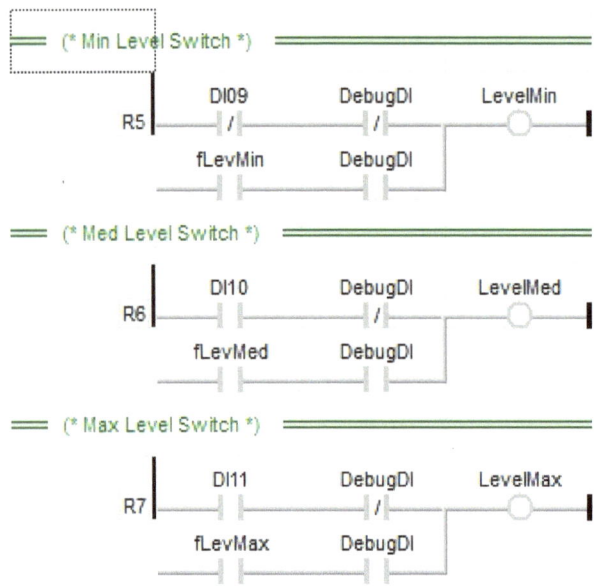

Il richiamo dal main

La riga 4 del programma main richiama incondizionatamente VirtualDI, come mostrato in figura 3.4.3.

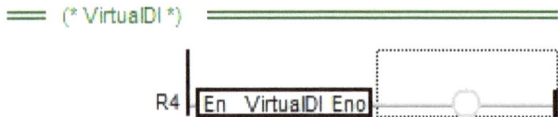

L'interfaccia HMI

La schermata DEBUG, mostrato in figura 3.4.4, consente di testare il corretto funzionamento della logica di controllo.

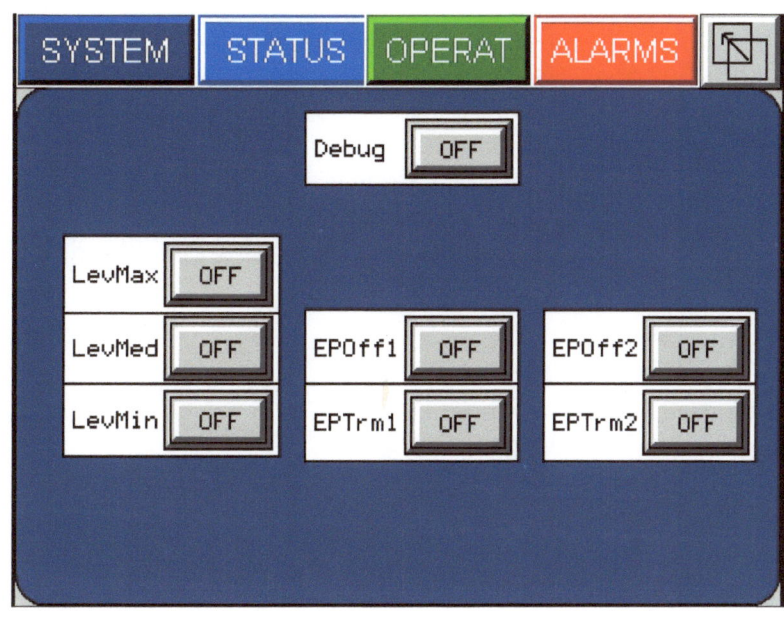

Ciascun controllo grafico è di tipo Switch con azione Toggle per commutare da Off a On e viceversa ad ogni pressione sul tasto, come mostrato in figura 3.4.5.

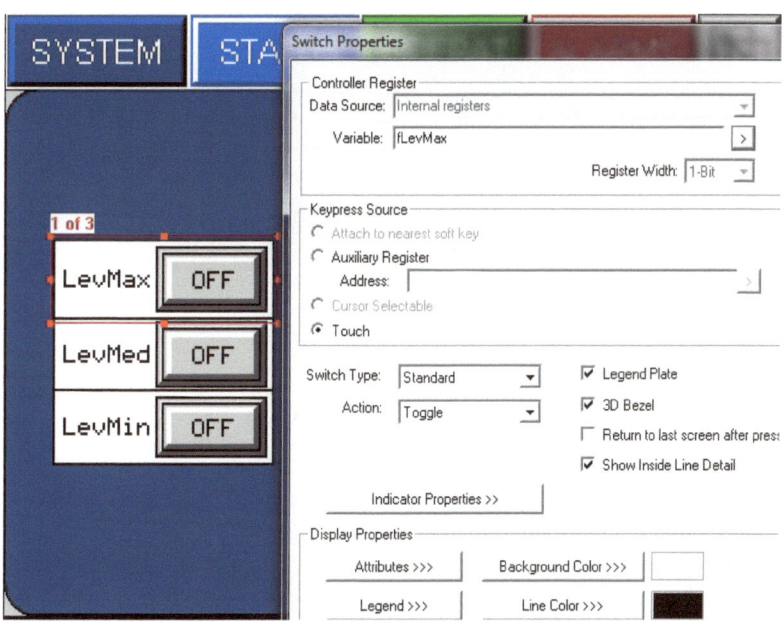

3.5 Il blocco funzionale Mot2Seq

Motivazioni

Negli impianti idrici o di climatizzazione è molto diffusa la presenza di due pompe gemellate di cui una di esse ha solo la funzione di riserva per l'altra. Esempio classico sono le stazioni di svuotamento di acque reflue e/o meteoriche con due pompe o le pompe di distribuzione di acqua refrigerata/calda di un impianto di climatizzazione idronico.

Al fine di uniformarne l'usura le pompe vengono avviate, una alla volta, alternativamente mentre in casi eccezionali, corrispondenti in generale al superamento di soglie di allarme, vengono avviate o arrestate entrambe.

La strategia del **sequenziatore gemellare Mot2Seq** dialoga con entrambi i moduli ElectricMotor delle due pompe, inviando agli stessi il comando di avvio tramite la variabile booleana Go e ricevendone comunque le informazioni di On, Ready e FbNok.

Mappa delle variabili locali

La tabella delle variabili di ingresso, uscita e interne del blocco è mostrata in figura 3.5.1:

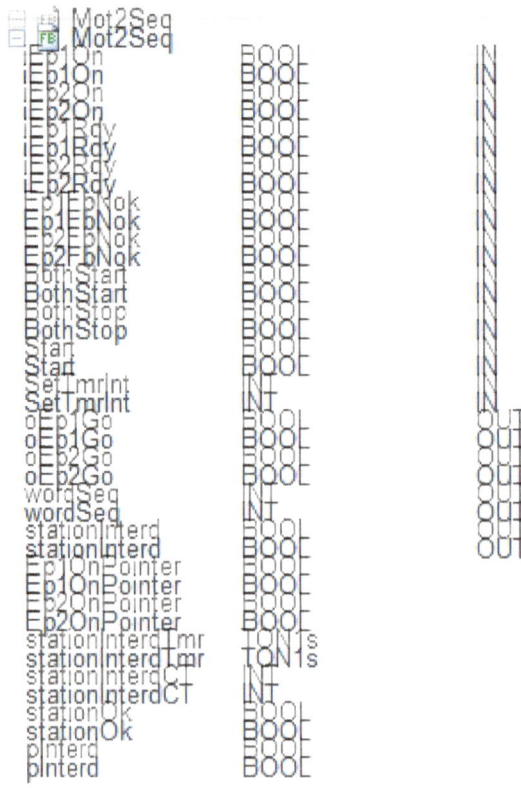

Per ciascuna delle due pompe controllate vengono acquisiti le variabili booleane di On, pronto a partire (Rdy), e mancato stato (FbNok). Esistono poi altre tre variabili di ingresso booleane che indicano rispettivamente: BothStart la necessità di avviare entrambe le pompe, BothStop quella di arrestarle entrambe ed infine Start che indica la necessità o meno di avviare la strategia di sequenza gemellare.

Le variabili in uscita sono quattro: le due variabili booleane di Go per l'abilitazione alla partenza di ciascuna pompa e la variabile intera a 16-bit wordSeq che indica lo stato della stazione di sequenziazione, utilizzata per il monitoraggio del corretto funzionamento del sequenziatore.

La logica PLC

La logica interna del modulo UDFB è mostrata nelle righe seguenti.

Le righe R1-R2, come mostrato in figura 3.5.2 resettano la flag di interdizione stationInterd tramite un apposito timer ritardato. Questo timer verrà attivato, tramite la predetta flag, ogni volta che la strategia intraprenderà una qualsiasi azione sulle pompe controllate. Impostare ad esempio a 10 secondi tale timer vuol dire impedire che tali azioni possano essere intraprese troppo frequentemente.

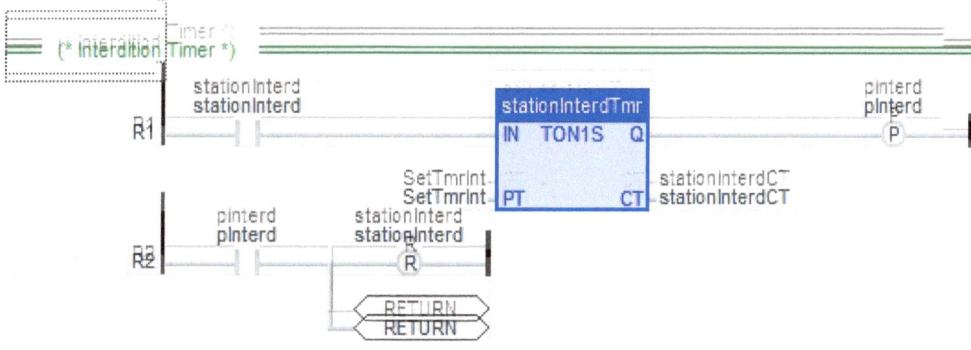

Le righe R3-R4 comandano, in presenza del segnale esterno di BothStart, il Go di entrambe le pompe, impostando altresì a 2 il valore della wordSeq e ritornando il flusso logico al programma main, come mostrato in figura 3.5.3:

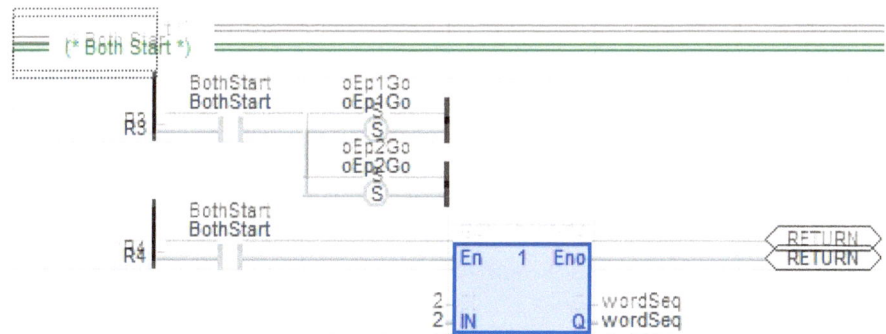

Le righe R5-R6 comandano, in presenza del segnale esterno di BothStop o di quello di mancanza di Start, l'arresto di entrambe le pompe (resettando il relativo Go), impostando altresì a 3 il valore della wordSeq e ritornando il flusso logico al programma main, come mostrato in figura 3.5.4.

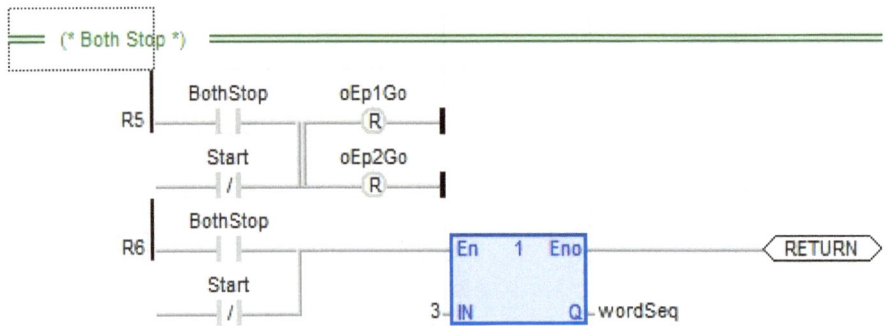

La riga R7 in presenza di flag di interdizione attivata, imposta ad 1 la wordSeq ritornando il flusso logico al programma main, come mostrato in figura 3.5.5.

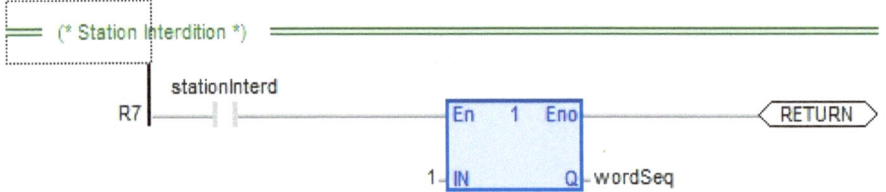

Le righe R8-R9 verificano che una pompa sia avviata e non in mancato stato mentre l'altra è arrestata. In tal caso il blocco riconosce che è tutto OK e pertanto imposta a 0 il valore della wordSeq e restituisce il controllo al programma main, come mostrato in figura 3.5.6.

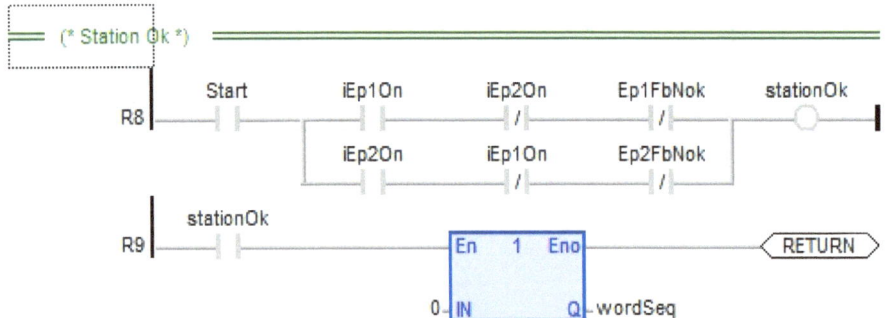

Se la riga R8 non è soddisfatta il flusso logico prosegue con la riga R10 che nel caso trovi settati entrambi a 0 i puntatori di avvio pompe imposta la prima a partire, come mostrato in figura 3.5.7.

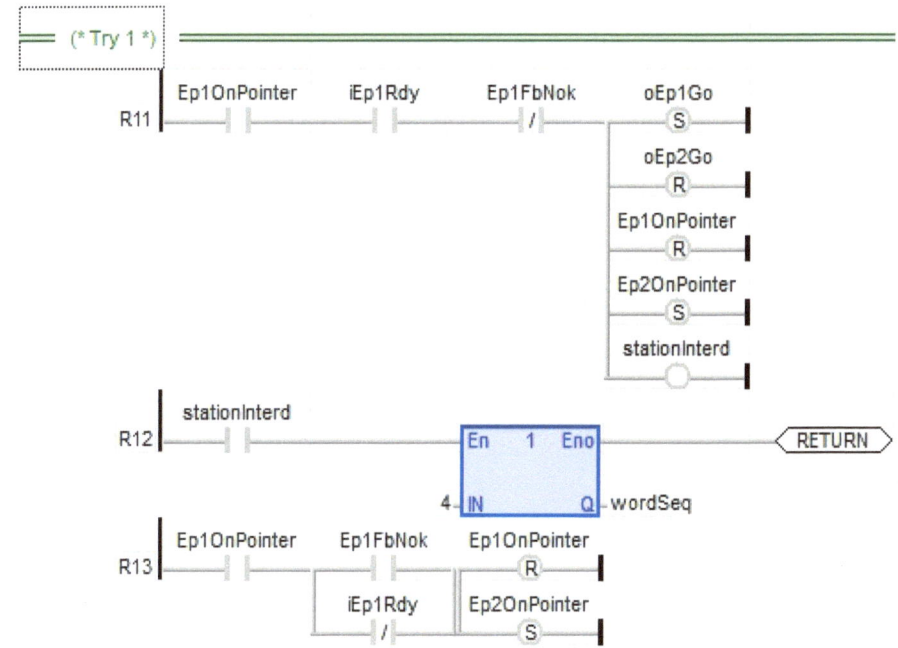

La riga R11 verifica se ci sono le condizioni per avviare la prima pompa e cioé se tocca alla prima pompa e se la stessa è pronta a partire e non in FeedBack non Ok. In tal caso viene dato il Go alla prima pompa, negato il consenso alla seconda, aggiornati i puntatori per il prossimo On ed infine settata la flag di interdizione.

La riga R12 imposta a 4 il valore di wordSeq se la riga precedente ha energizzato la flag stationInterd e restituisce il flusso al programma chiamante.

Altrimenti la riga R13 procede ad aggiornare i puntatori delle pompe da avviare, come mostrato in figura 3.5.8.

Le righe R14-R16 operano come le righe R10 e R12 ma sulla seconda pompa invece che sulla prima, come mostrato in figura 3.5.9.

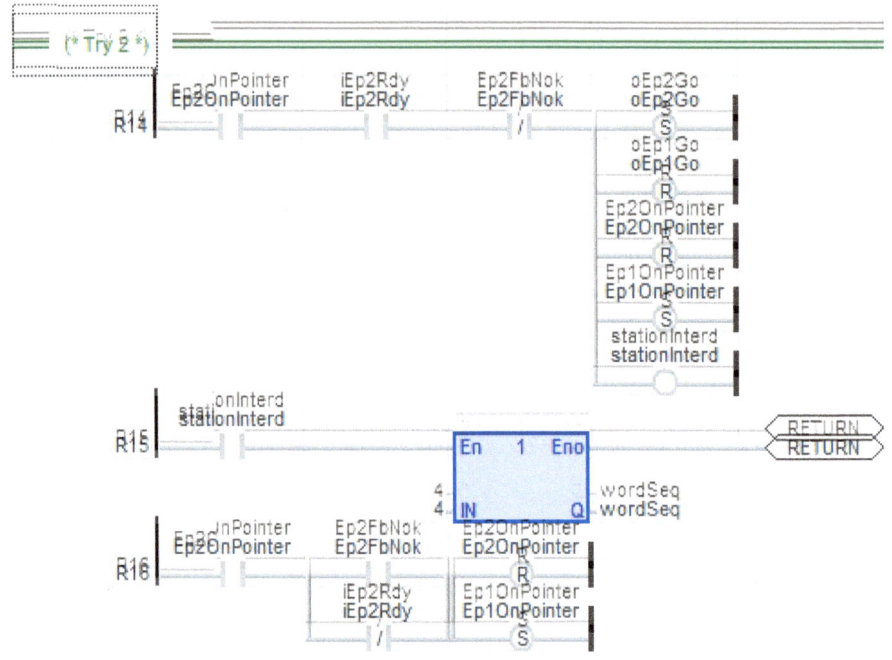

Il sequenziatore di pompe gemellari risulta a questo punto completamente implementato.

L'interfaccia grafica HMI

La schermata STATUS, mostrata in figura 3.5.10, visualizza lo stato del sequenziatore di pompe gemellate nonché quello delle singole pompe.

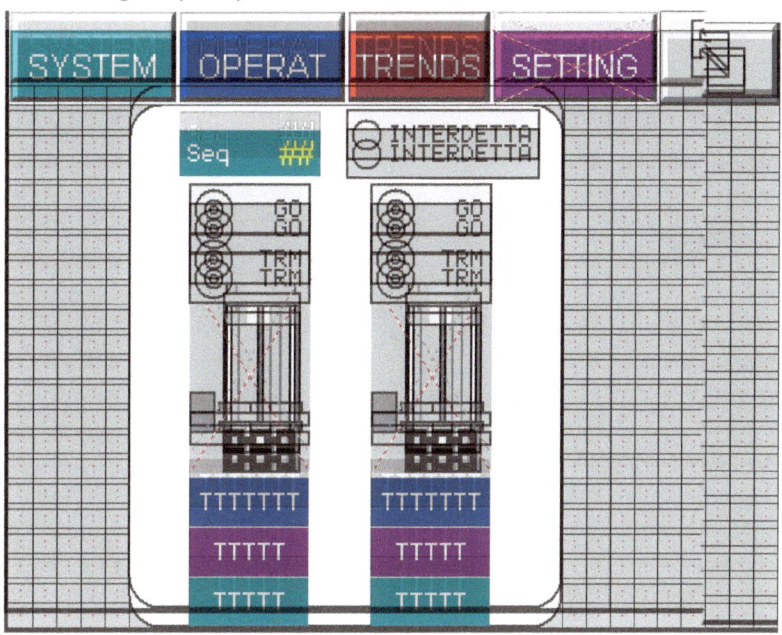

Il simbolo della pompa viene reso visibile solo se la stessa risulta On; solo in tale condizione risulta attivo il bit 1 della variabile di stato associata alla pompa stessa (vedi blocco UDFB ElectricMotor) come mostrato in figura 3.5.11:

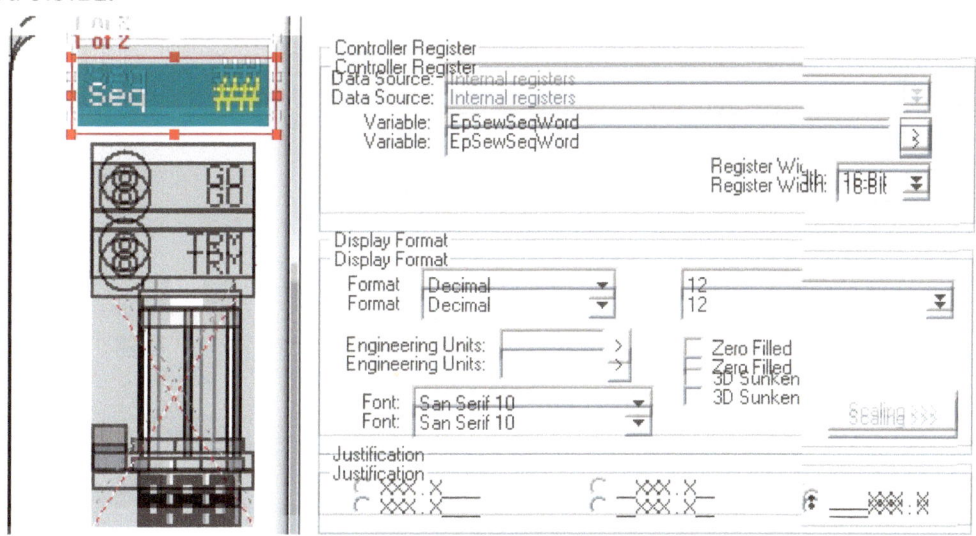

Lo stato di interdizione del sequenziatore è reso visibile con un controllo grafico di tipo Indicator come mostrato in figura 3.5.12:

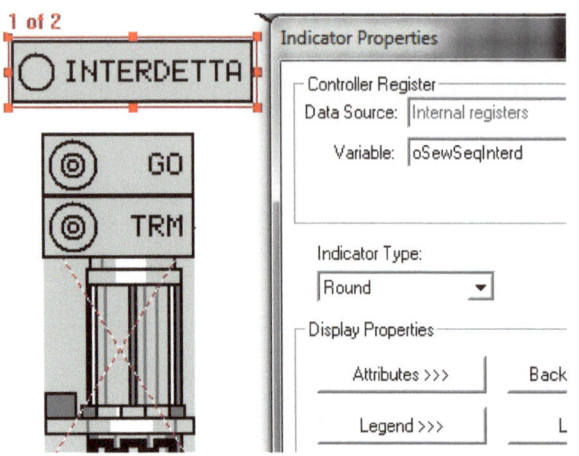

3.6 La subroutine SewagePumps

Motivazioni

La gestione delle pompe sommergibili viene affidata ad una unica subroutine SewagePumps che richiama il blocco funzionale Mot2Seq trattato precedentemente e due istanze di blocco ElectricMotor, una per ciascuna pompa.

Logica

Le righe R1-R4 costruiscono le flag di allarme e quelle operative per i livelli in base alle flag create dalla subroutine VirtualDI come mostrato in figura 3.6.1.

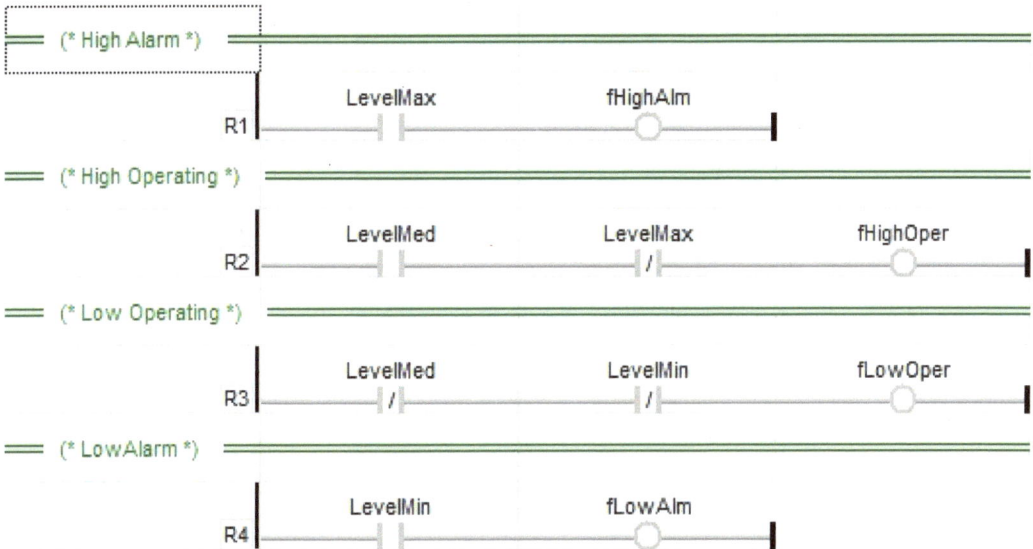

La riga R5 richiama il blocco sequenziatore Mot2Seq per l'abilitazione all'avvio, tramite le flag Ep1SewGo e Ep2SewGo, come mostrato in figura 3.6.2.

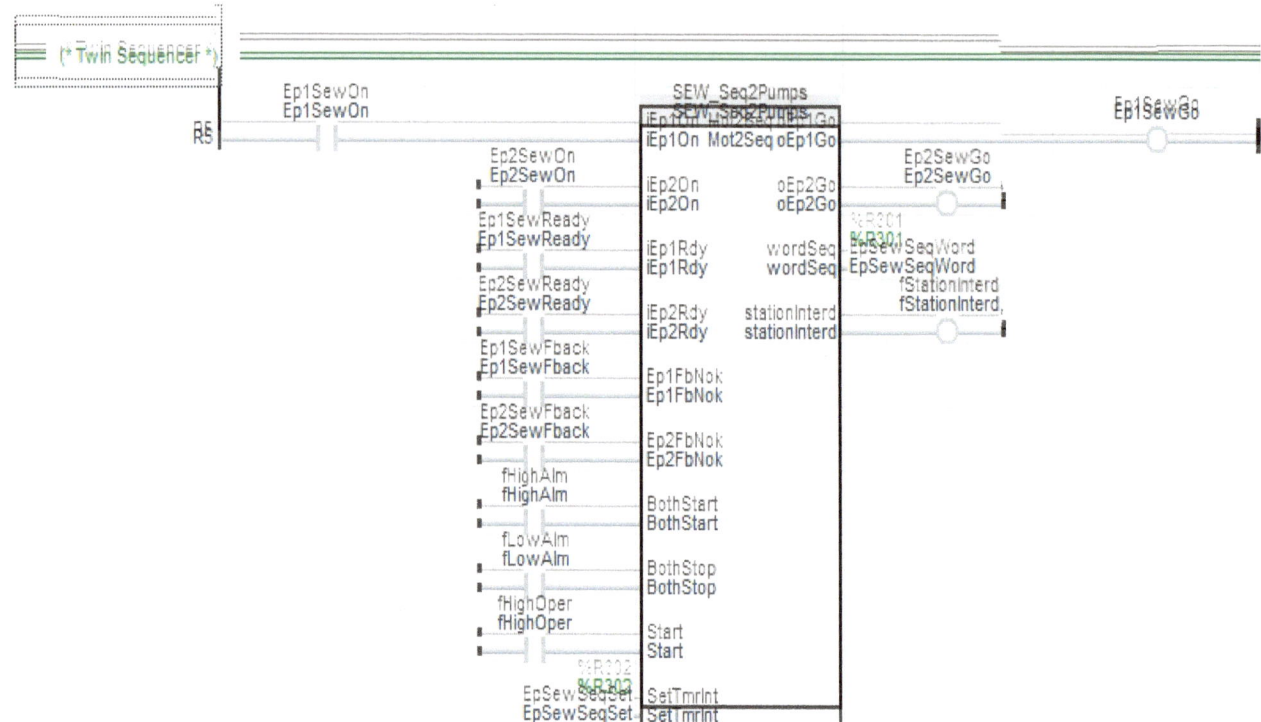

Successivamente la riga R6 richiama una istanza di ElectricMotor per la prima pompa come mostrato in figura 3.6.3:

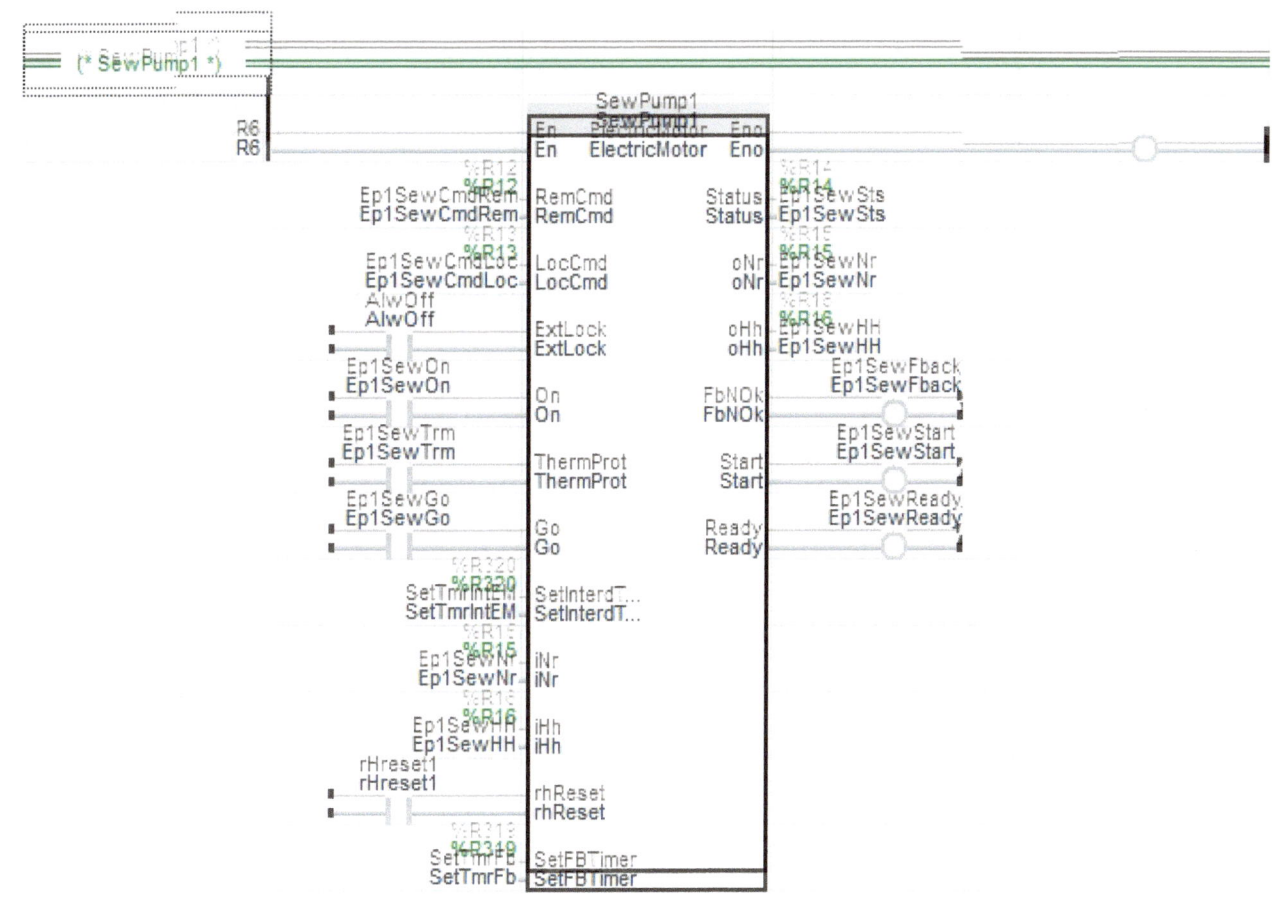

Analogamente la riga R7 richiama una altra istanza di ElectricMotor per la seconda pompa come mostrato in figura 3.6.4:

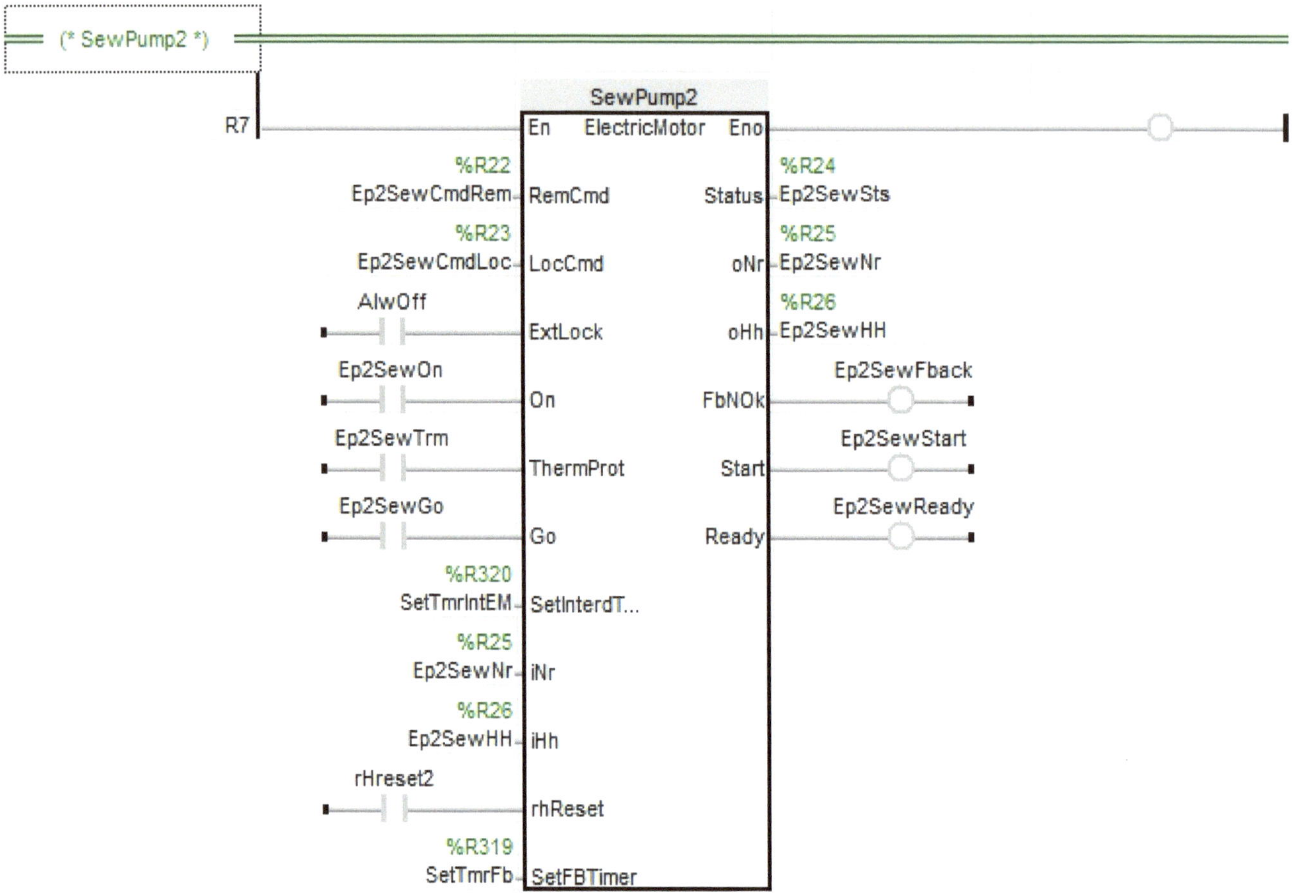

(* SewPump2 *)

Infine le righe R8-R11 simulano, come mostrato in figura 3.6.5, dei valori per il controllo grafico di livello della pagina System.

Il richiamo dal main

La riga R5 del programma main richiama incondizionatamente SewagePumps, come mostrato in figura 3.6.6.

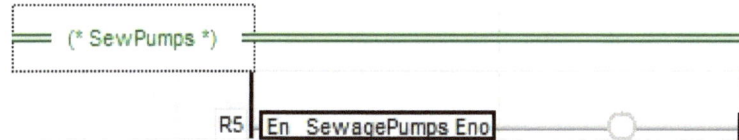

L'interfaccia grafica HMI

La pagina SYSTEM, mostrata in figura 3.6.7, sintetizza il funzionamento della stazione di pompaggio:

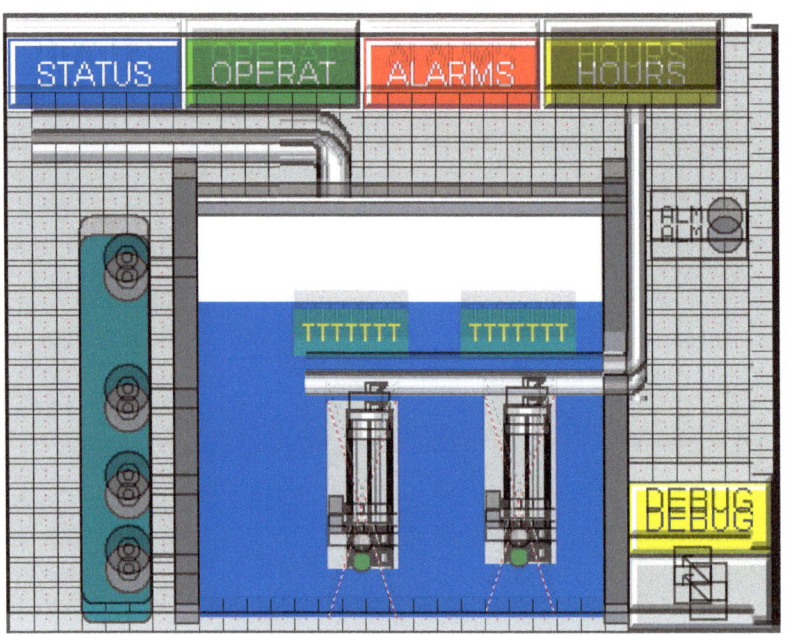

Le flag di livello sono visualizzate con controlli grafici di tipo Indicator, come mostrato in figura 3.6.8:

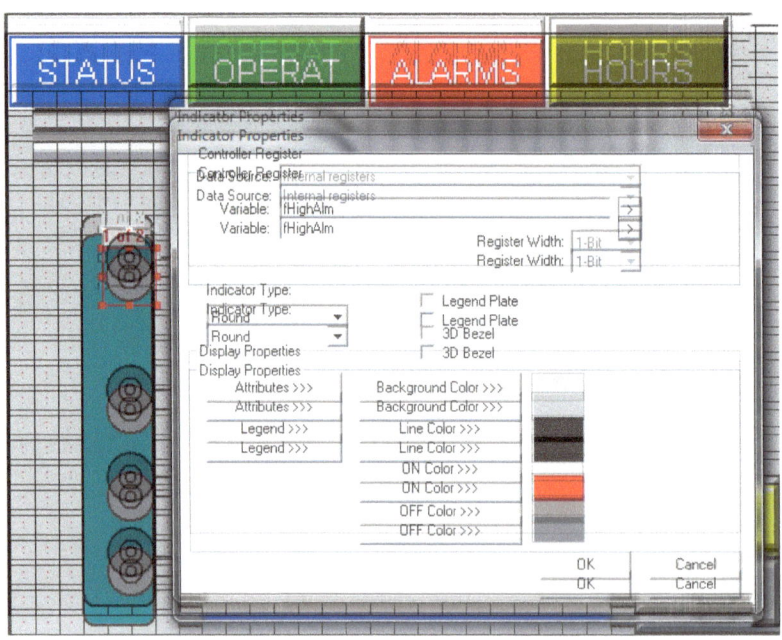

Lo stesso dicasi per l'indicazione di Allarme Acustico come mostrato in figura 3.6.9:

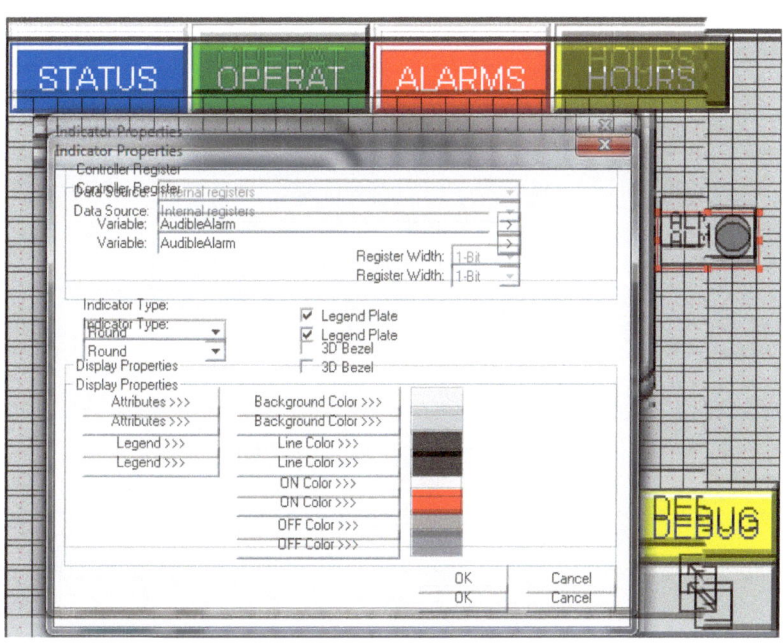

e per ultimo la figura 3.6.10 mostra la definizione del controllo grafico Bar / Meter che simula il livello dell'acqua in base alla segnalazione dei livellostati.

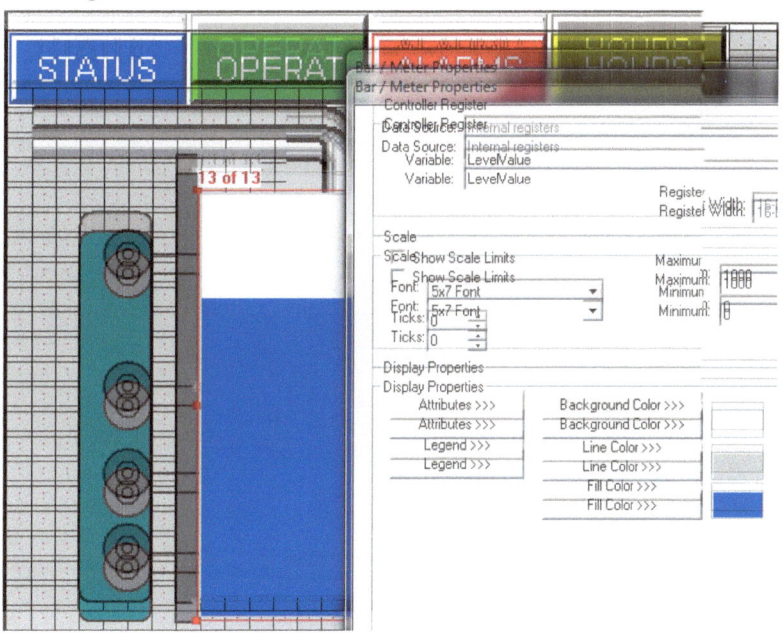

3.7 La subroutine VirtualDO

Motivazioni

Passiamo adesso ad illustrare la subroutine VirtualDO che è l'analoga di VirtualDI per le uscite digitali. Essa nasce per soddisfare due esigenze:

1) concentrare in un unico sotto-programma tutti i segnali digitali di uscita per facilitarne il debug visivo;

2) gestire in un unico punto l'inversione della bobina in caso di discordanza tra il cablaggio di progetto e quello effettivo. In assenza di VirtualDO si sarebbe costretti a ricercare tutte le ricorrenze di tale bobina all'interno di tutta la logica programmata per effettuare l'inversione;

3) consentire la gestione di uscite, derivanti da dialogo seriale o tramite fieldbus, in maniera virtualmente analoga a quelle native.

La logica PLC

La figura 3.7.1 mostra un esempio dell'utilizzo di VirtualDO per le prime due pompe della stazione di pompaggio.

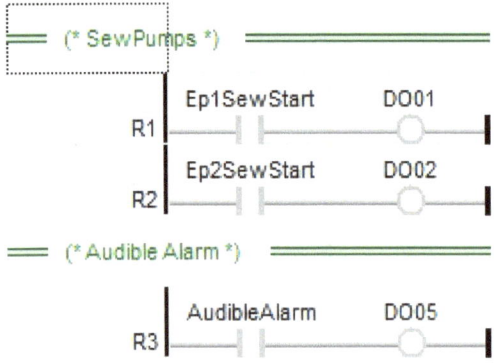

Il richiamo dal main

La riga R6 del programma main richiama incondizionatamente VirtualDO, come mostrato in figura 3.7.2.

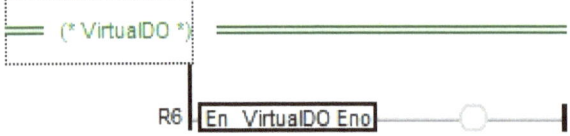

3.8 La subroutine Alarms

Motivazioni

L'ultima subroutine esaminata è Alarms il cui compito è raggruppare in un unico punto tutte le segnalazioni di allarme.

Logica

Le righe R1 - R6, come mostrato in figura 3.8.1. impostano gli allarmi per protezione termica e mancato stato per le due pompe sommergibili, nonché quelle dei due allarmi di livello.

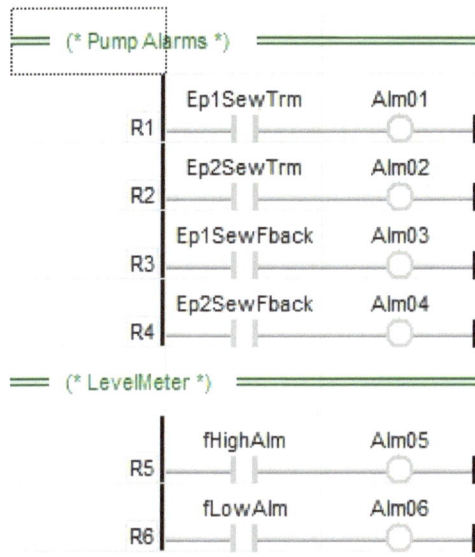

Il richiamo dal main

La riga R7 del programma main richiama Alarms incondizionatamente, come mostrato in figura 3.8.2.

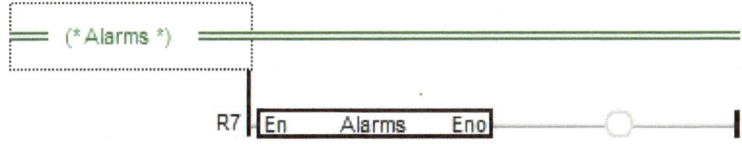

La visualizzazione HMI

La pagina grafica Alarms mostrata in fig. 3.8.3. La configurazione di questa pagina è peculiare dell'OCS Horner modello XL.

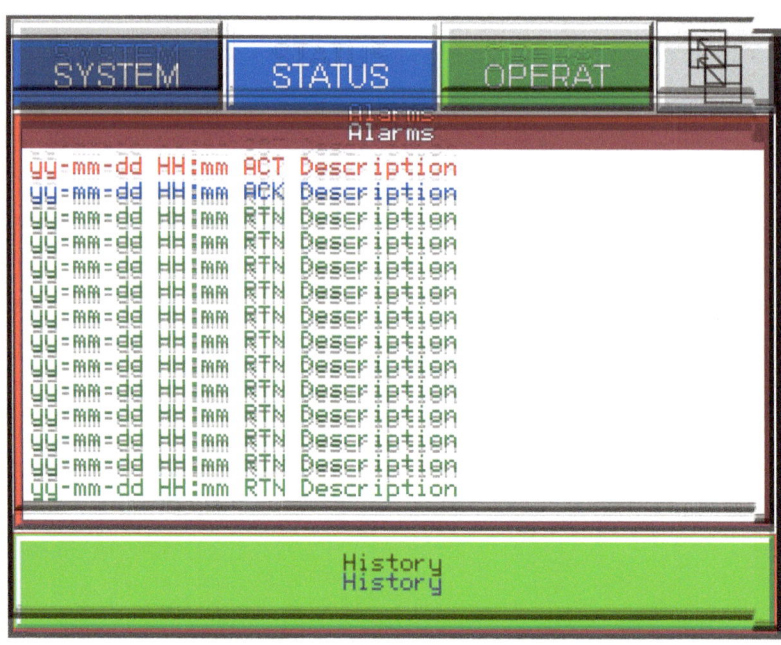

Ogni allarme viene configurato nella sezione specifica dell'editor grafico Config → Alarm, come mostrato in figura 3.8.4

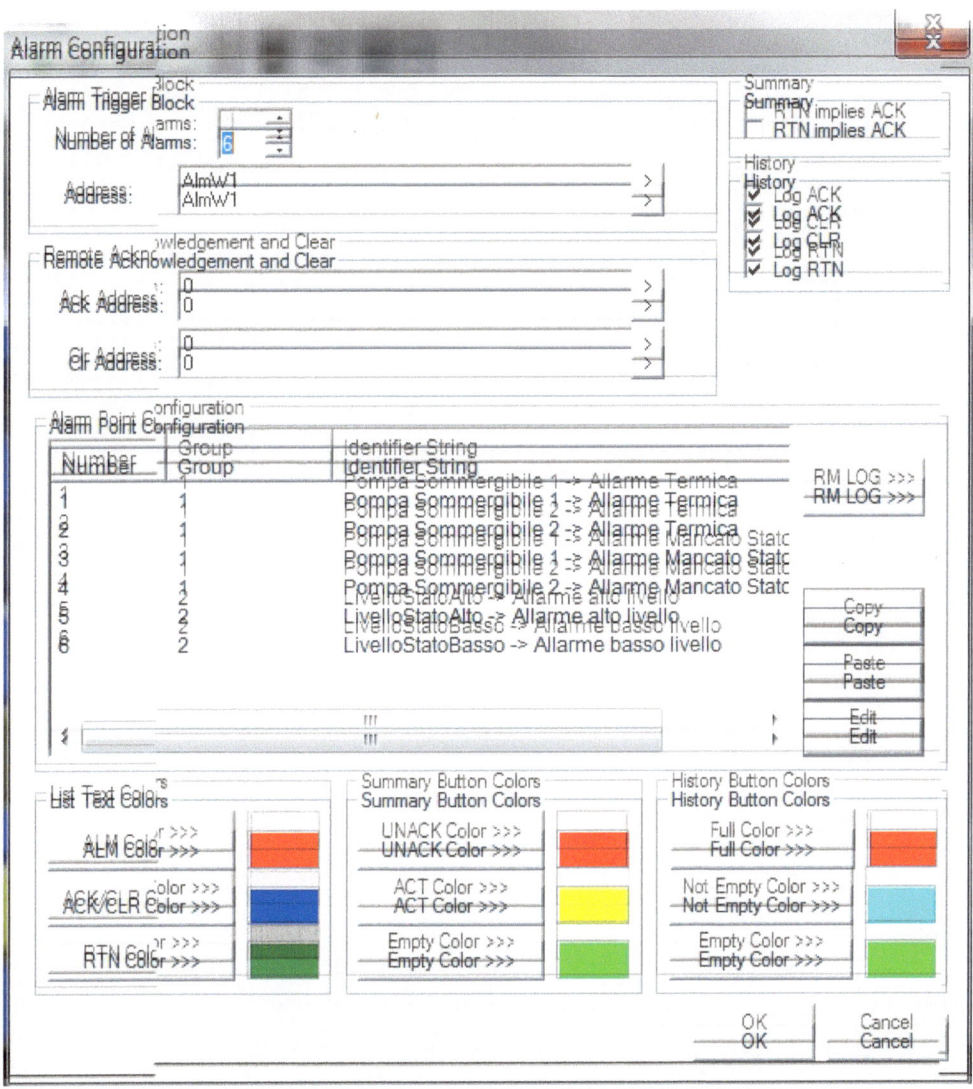

Occorre indicare il numero totale di allarmi nonché il registro di allarme AlmW1 nel nostro caso, in cui sono "impaccati" i singoli bit di allarme. Per ciascun allarme è possibile configurare un gruppo di appartenenza e una stringa di testo descrittiva dello stesso. Anche la scelta dei colori è ampiamente configurabile.

4. Automazione di unità complesse

In questo capitolo verrà mostrato la gestione di una unità di compressione a viti.

4.1 Il dominio applicativo compressore a viti

Rispetto all'azionamento di una elettropompa o di un elettroventilatore occorre in questo caso acquisire oltre agli usuali segnali di On e Trm, provenienti dall'avviatore elettrico, anche ulteriori segnali di ingresso digitale, relativi alle sicurezze impiantistiche a riarmo manuale, provenienti dai seguenti sensori presenti a bordo macchina:

a) pulsante di Emergenza;

b) pressostato Alta Pressione in mandata;

c) pressostato Bassa Pressione in aspirazione;

d) pressostato Bassa Pressione Differenziale Olio;

e) termostato Alta Temperatura Olio;

f) termostato Bassa Temperatura Olio;

g) termostato pilota Temperatura Olio;

h) livellostato Minimo Livello Olio.

Per quanto riguarda le uscite digitali, oltre a quella usuale di marcia/arresto del motore elettrico sono presenti ulteriori uscite per pilotare una serie di solenoidi per la parzializzazione del cassetto di aspirazione, per il recupero olio e per la iniezione di liquido refrigerante:

i) solenoide Riduci Capacità;

l) solenoide Aumenta Capacità;

m) solenoide Bypass avvio/arresto;

n) solenoide Superfeed;

o) solenoide Eonomizzatore;

p) solenoide Recupero Olio;

q) resistenza Riscaldamento Olio.

Sono inoltre presenti quattro canali di ingresso analogico 4-20 mA per l'acquisizione di:

r) Corrente assorbita motore elettrico [A];

s) Grado di parzializzazione compressore[%];

t) Pressione di aspirazione [bar];

u) Temperatura di aspirazione[°C].

Le funzioni principali di controllo avanzato possono essere così riassunte:

A) Controllo dell'avvio della unità a vite dopo averne testato sicurezze e interdizione al riavvio ed in base ai comandi locali e remoti.

B) Gestione delle aperture e chiusure delle elettrovalvole di parzializzazione, bypass, superfeed, economizzatore, recupero olio, resistenza olio.

C) Rilevazione delle ore di funzionamento e del numero di interventi per ciascuna pompa con rispetto del numero massimo di avvii orari consigliato dal costruttore.

D) Prevenzione sovrassorbimento corrente motore elettrico. Il sistema acquisisce la corrente assorbita ed eventualmente parzializza il compressore per rispettare il set point di massimo assorbimento.

E) Visualizzazione sinottica, stati e allarmi su pannello operatore.

F) Comando locale di marcia-arresto tramite pannello operatore.

G) Presa visione e azzeramento allarmi su pannello operatore.

M) Memorizzazione della tabella relativa al fluido refrigerante utilizzato.

N) Calcolo del grado di surriscaldamento del vapore aspirato in base ai segnali acquisiti di pressione e temperatura di aspirazione.

4.2 La subroutine VirtDI complessa

La figura 4.2.1mostra l'evoluzione della subroutine VirtDI che adesso associa delle temporizzazioni ai contatti di ingresso DI per proteggersi dai rimbalzi dei contatti soprattutto in fase di avvio.

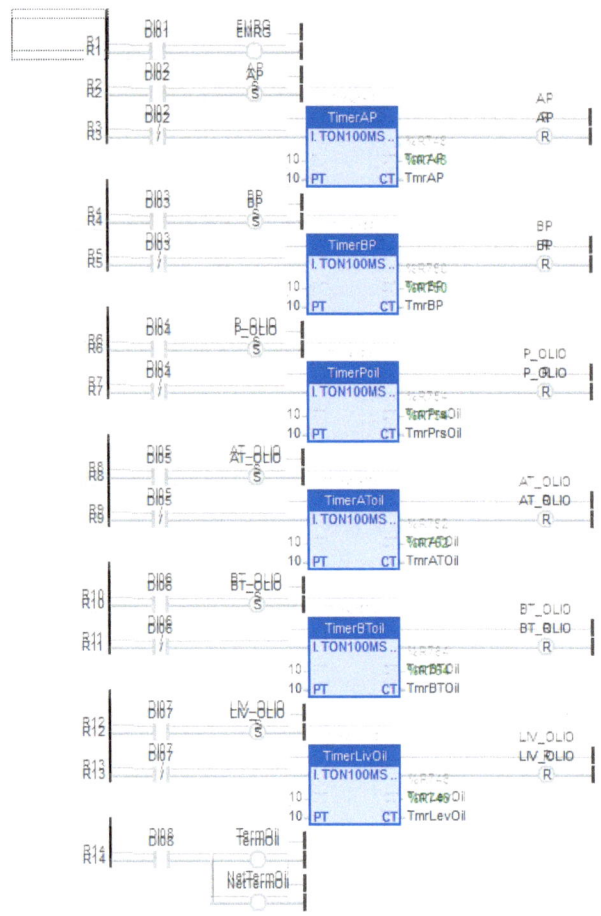

4.3 La subroutine VirtDO complessa

La figura 4.3.1 mostra l'utilizzo di VirtualDO per comandare le otto uscite digitali: start del compressore, solenoide di minima, solenoide di massima, solenoide di bypass, superfeed, economizzatore, recupero olio e resistenza scaldante olio.

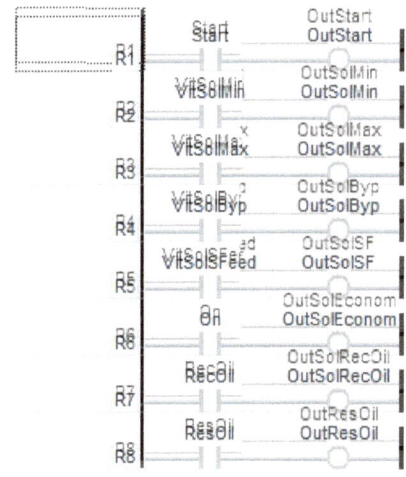

4.4 La subroutine Screw

La subroutine Screw si fa carico della esigenza primaria di controllare l'avviamento del motore elettrico direttamente accoppiato al compressore a viti, tramite funzionamento automatico o avviato/arrestato localmente tramite pannello operatore o in remoto dal sistema di supervisione.

La logica è una rielaborazione del blocco funzione ElectricMotor che viene adattato ad un macchinario più complesso quale è un compressore a viti.

Le prime cinque righe sono sostanzialmente analoghe a quelle usate per gestire le temporizzazioni di interdizione e di mancato stato in ElectricMotor come mostrato in figura 4.4.1:

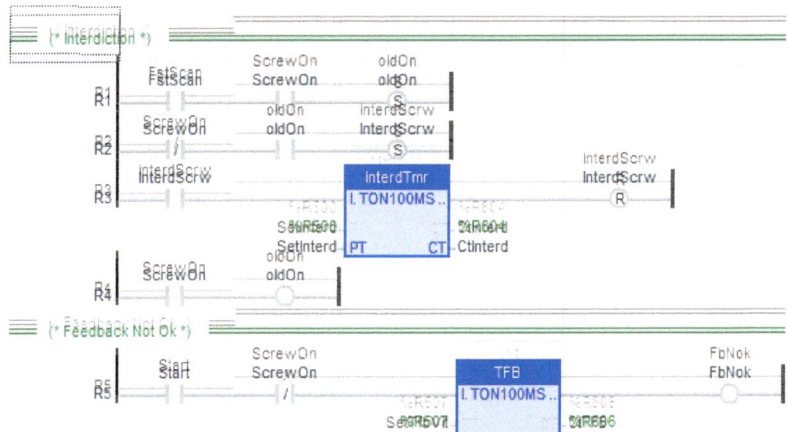

Anche le successive sei righe sono pressoché immutate come mostrato in figura 4.4.2:

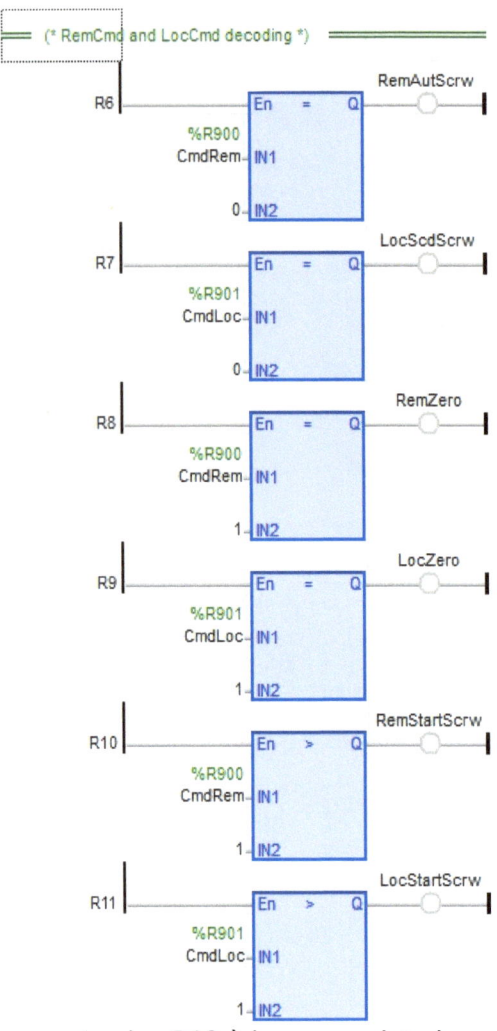

La riga R12 è invece variata in quanto riassume tutte le sicurezze della macchina come mostrato in figura 4.4.3.

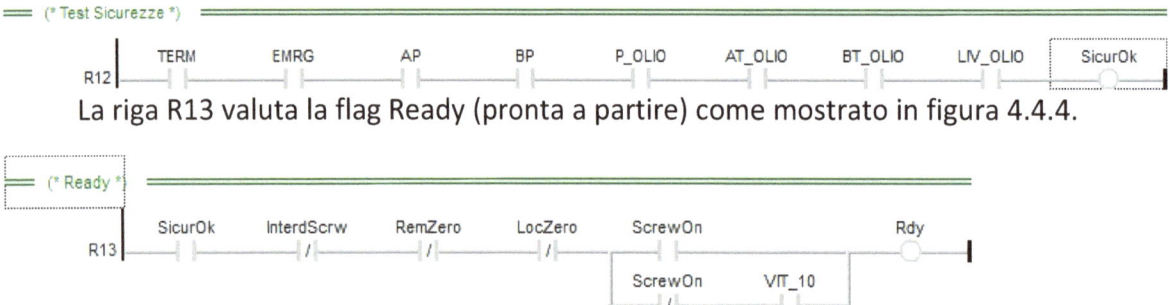

La riga R13 valuta la flag Ready (pronta a partire) come mostrato in figura 4.4.4.

ed infine la riga R14 verifica se il compressore è da avviare come mostrato in figura 4.4.5.

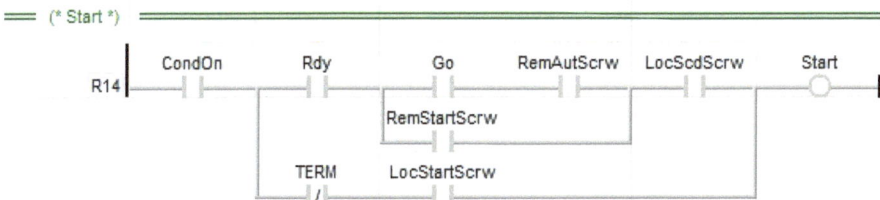

Il calcolo del numero di avviamenti, mostrato in figura 4.4.6, è identico a quello sviluppato in ElectricMotor;

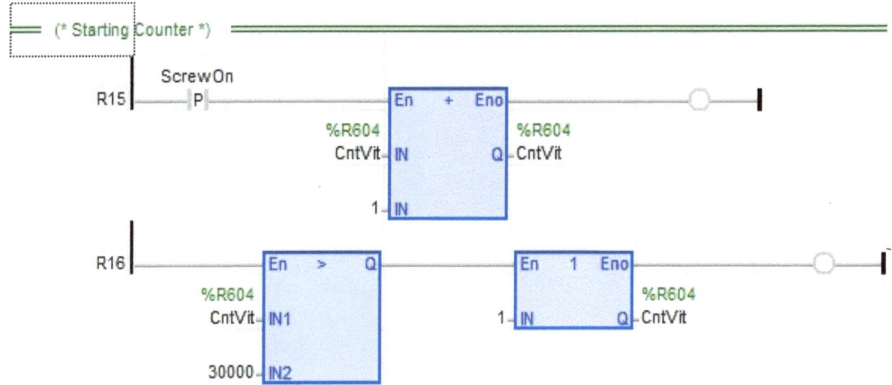

come pure il calcolo delle ore di funzionamento mostrato in figura 4.4.7.

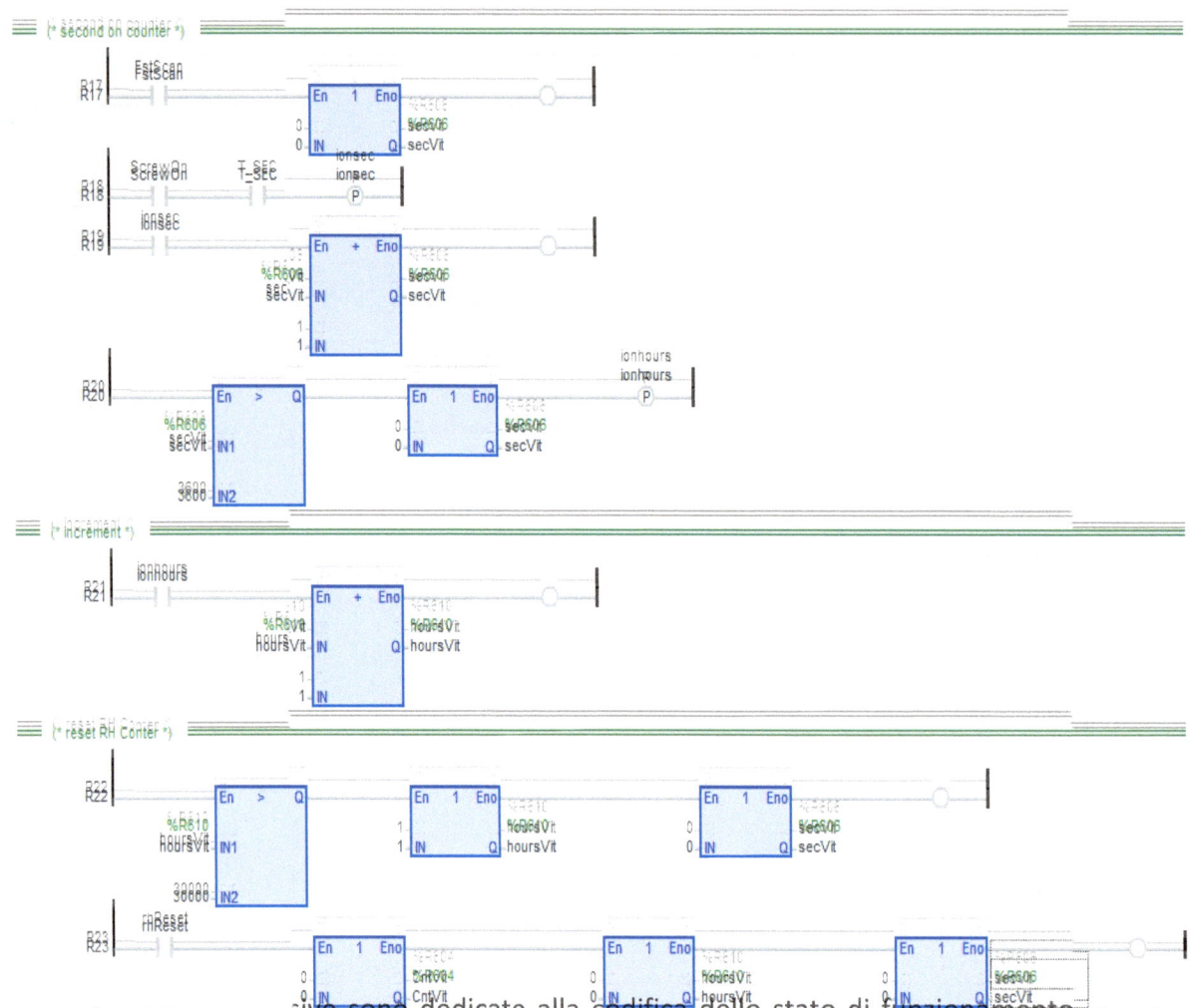

Le righe successive sono dedicate alla codifica dello stato di funzionamento che si arricchisce di nuovi valori rispetto ad ElectricMotor per tener conto delle condizioni di allarme aggiuntive.

Le righe R25 ÷ R34, come mostrato in figura 4.4.8, gestiscono i numerosi stati di Allarme, contraddistinti tutti da valori numerici superiori a 10.

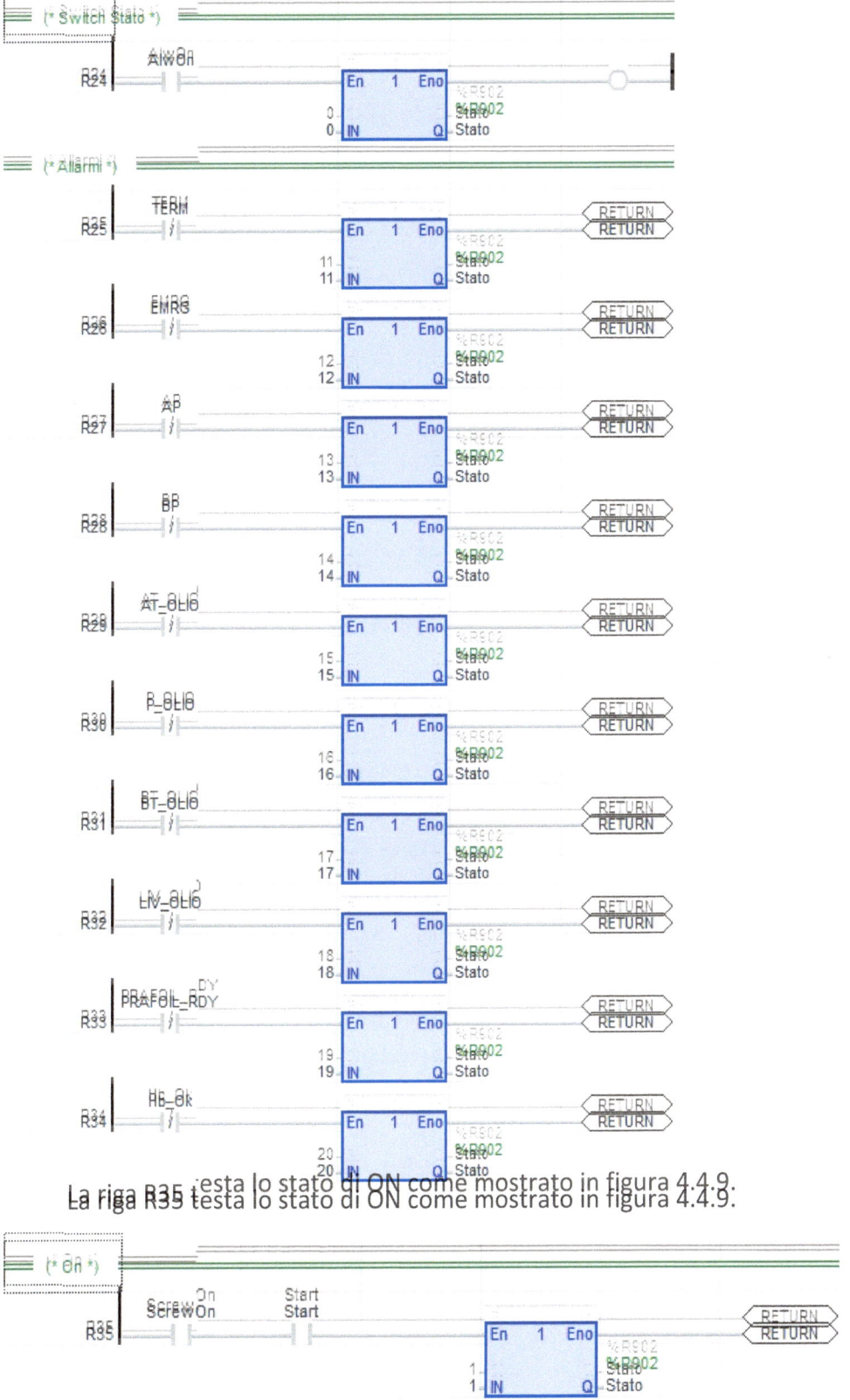

La riga R35 testa lo stato di ON come mostrato in figura 4.4.9.

Le successive righe R36-40 gestiscono gli stati di Off come mostrato in figura 4.4.10.

(* Off *)

R36 — ScrewOn —|/|— Rdy —| |— InterdScrw —|/|— FbNOk —|/|— [En 1 Eno / 2-IN %R902 Q-Stato] — RETURN

(* No Condens Lock *)

R37 — ScrewOn —|/|— CondOn —|/|— InterdScrw —|/|— FbNOk —|/|— [En 1 Eno / 6-IN %R902 Q-Stato] — RETURN

(* Wait Timer Interdiction *)

R38 — ScrewOn —|/|— InterdScrw —| |— FbNOk —|/|— [En 1 Eno / 3-IN %R902 Q-Stato] — RETURN

(* Fb not ok *)

R39 — ScrewOn —|/|— CondOn —|/|— InterdScrw —|/|— FbNOk —| |— [En 1 Eno / 4-IN %R902 Q-Stato] — RETURN

(* Inibito *)

R40 — ScrewOn —|/|— Go —|/|— [En 1 Eno / 5-IN %R902 Q-Stato] — RETURN

4.5 Il blocco funzione per Regolatore a 3 punti

La regolazione a 3 punti è vantaggiosamente utilizzata in sostituzione di un comando con uscita analogica. Essa si avvale di due economiche uscite digitali comandate da treni di impulsi inviate al servomotore dell'attuatore.

La tabella delle variabili di ingresso, uscita e interne è mostrata in figura 4.5.1:

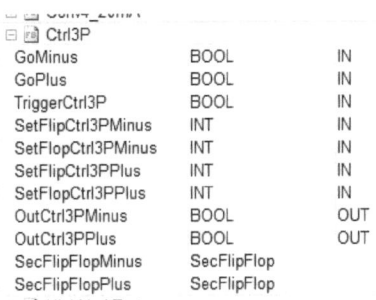

Abbiamo tre variabili booleane di ingresso: GoMinus, GoPlus e TriggerCtrl3P; quattro variabili intere per impostare le temporizzazioni dei duty-cicle e le due variabili booleane di uscita.

Le righe R1 ed R2 richiamano a loro volta il blocco funzione SecFlipFlop, illustrato nel capitolo seguente, per pilotare le due uscite come mostrato in figura 4.5.2.

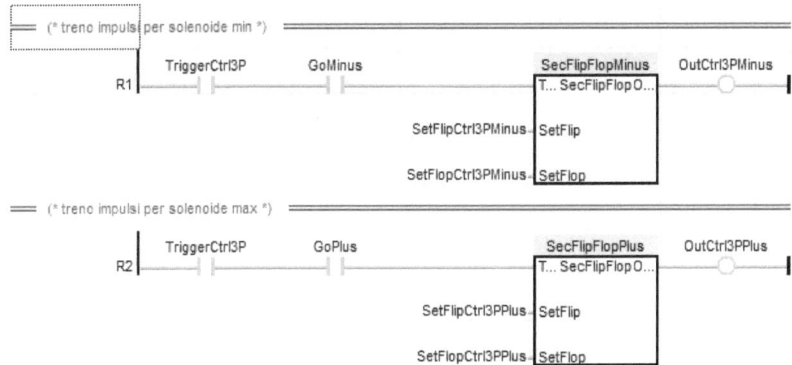

4.6 Il blocco funzione generatore treno di impulsi

Il blocco funzione SecFlipFlop è utile per generare treni di impulsi con durata minima di 100 mS.

La tabella delle variabili di ingresso, uscita e interne è mostrata in figura 4.6.1:

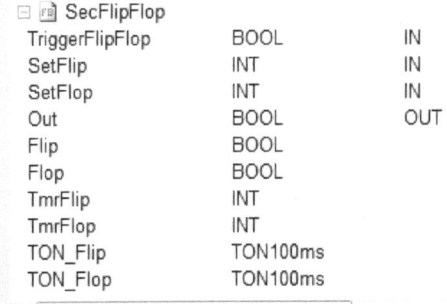

La logica è molto semplice e si avvale di due temporizzatori da 100 mS che si susseguono per generare il treno di impulsi come mostrata in figura 4.6.2

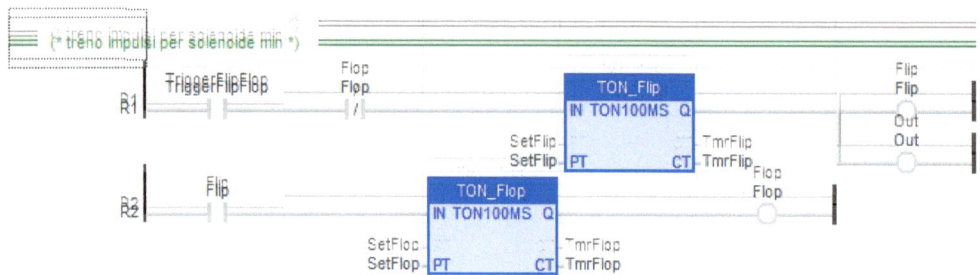

4.7 La subroutine per la gestione parzializzazione

La subroutine SolParz gestisce la parzializzazione dal 10% al 100% dell'unità di compressione tramite due uscite digitali collegate alle due solenoidi di aumento e riduzione. Le solenoidi sono pilotate con treni di impulsi regolabili in modo differente in base alle esigenze riscontrate sull'impianto.

La riga R1 resetta entrambe le solenoidi nel caso in cui il compressore risulti spento ovvero, se acceso, nel caso in cui sia inibita la sua parzializzazione (dal sequenziatore viti che gira sul master), come mostrato in figura 4.7.1:

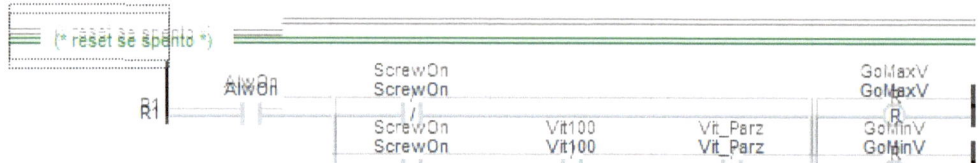

Le righe R2 - R7 impostano i comandi di aumento e riduzione sia da Scada che da pannello HMI, come mostrato in figura 4.7.2:

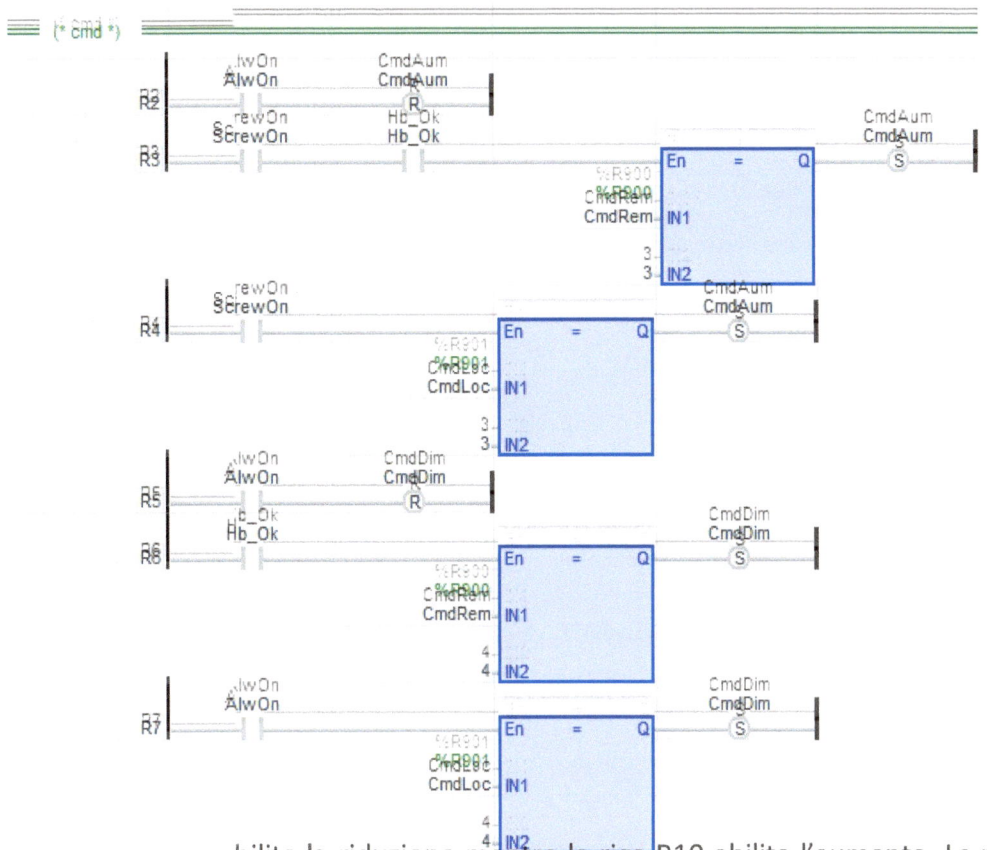

La riga R9 abilita la riduzione mentre la riga R10 abilita l'aumento. La riduzione viene comandata, se il compressore non è già al 10%, nel caso di comando di diminuzione o di pressione di evaporazione troppo bassa o nel caso di assorbimento eccessivo di corrente. L'aumento viene comandato, se il compressore non è già al 100% e non ci sia concomitante il comando di riduzione, nel caso di comando di aumento o di pressione di evaporazione troppo alta in assenza però di assorbimento eccessivo di corrente, come mostrato in figura 4.7.3:

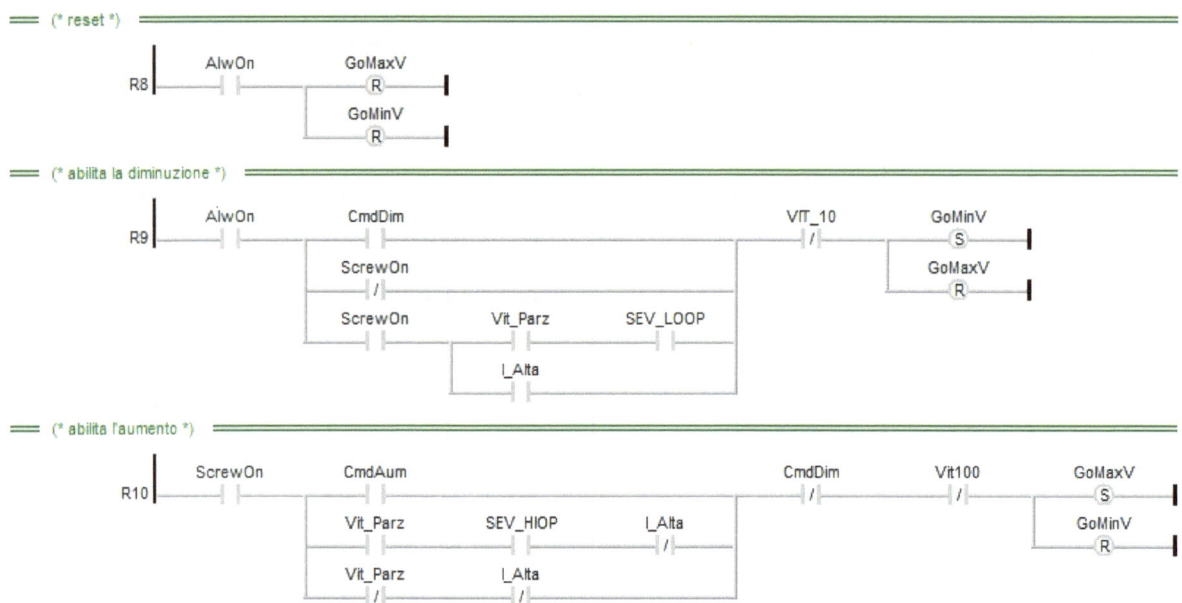

La riga R11 richiama il blocco funzione di regolazione a 3 punti Ctrl3P, illustrato nel prossimo capitolo, per generare i due treni di impulsi in aumento o riduzione. Infine Le righe R12 ed R13 si fanno carico del comando finale dei due attuatori, come mostrato in figura 4.7.4.

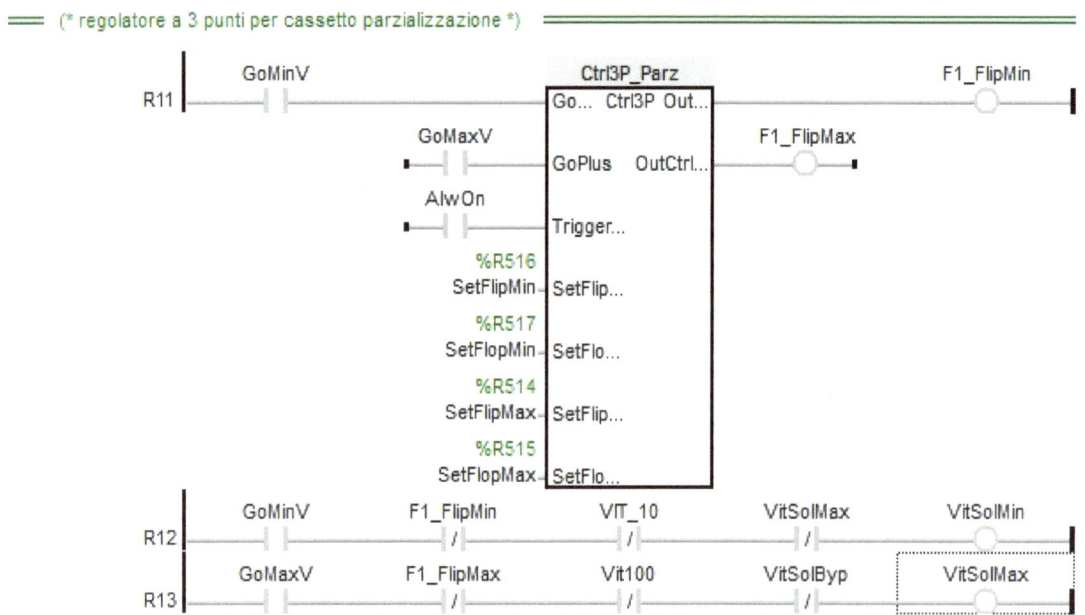

5. Conclusioni

Siamo giunti alla fine del nostro primo quaderno. Vorrei ringraziare il lettore per lo sforzo e l'impegno profuso fin qui.

Vorremmo ringraziare il lettore per lo sforzo e l'impegno profuso con la certezza che i risultati alla fine ripagheranno delle fatiche compiute e che la qualità dei lavori realizzati emergerà con sufficiente chiarezza e sarà fonte di grandi soddisfazioni professionali.

Cogliamo l'occasione, per chi volesse approfondire la materia, di presentare tutti gli altri titoli della collana "Ricette di automazione", disponibili in formato "kindle" e cartaceo su Amazon:

1) Logiche PLC e schermate HMI per l'automazione dei Sensori 4-20mA: Un approccio pratico alla misura e regolazione di grandezze fisiche con l'utilizzo del linguaggio IEC61131-3 Ladder Logic

(RICETTE DI AUTOMAZIONE Quaderno 2)

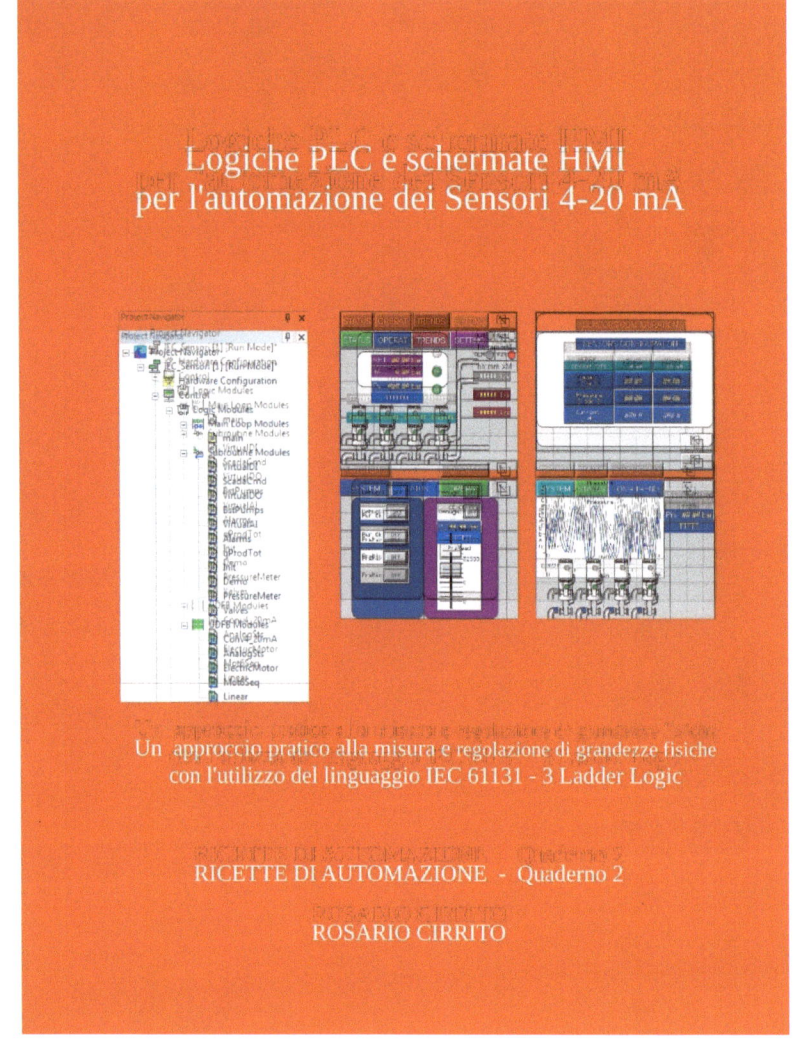

3) Logiche PLC e schermate HMI per l'automazione dei Sequenziatori Macchinari: Un approccio pratico all'automazione di sequenziatori gemellari e paralleli con l'utilizzo del linguaggio IEC 61131 - 3 Ladder Logic

(RICETTE DI AUTOMAZIONE Quaderno 3)

3) Logiche PLC e schermate HMI per Applicazioni con Orologio Datario: Un approccio pratico per la gestione di tabelle occupazione / irrigazione con il linguaggio IEC 61131 - 3 Ladder

(RICETTE DI AUTOMAZIONE Quaderno 4)

4) Logiche PLC e schermate HMI per Gestione Ruoli Utente: Un approccio pratico alla autenticazione / autorizzazione degli utenti con il linguaggio IEC 61131 - 3 Ladder (RICETTE DI AUTOMAZIONE Quaderno)

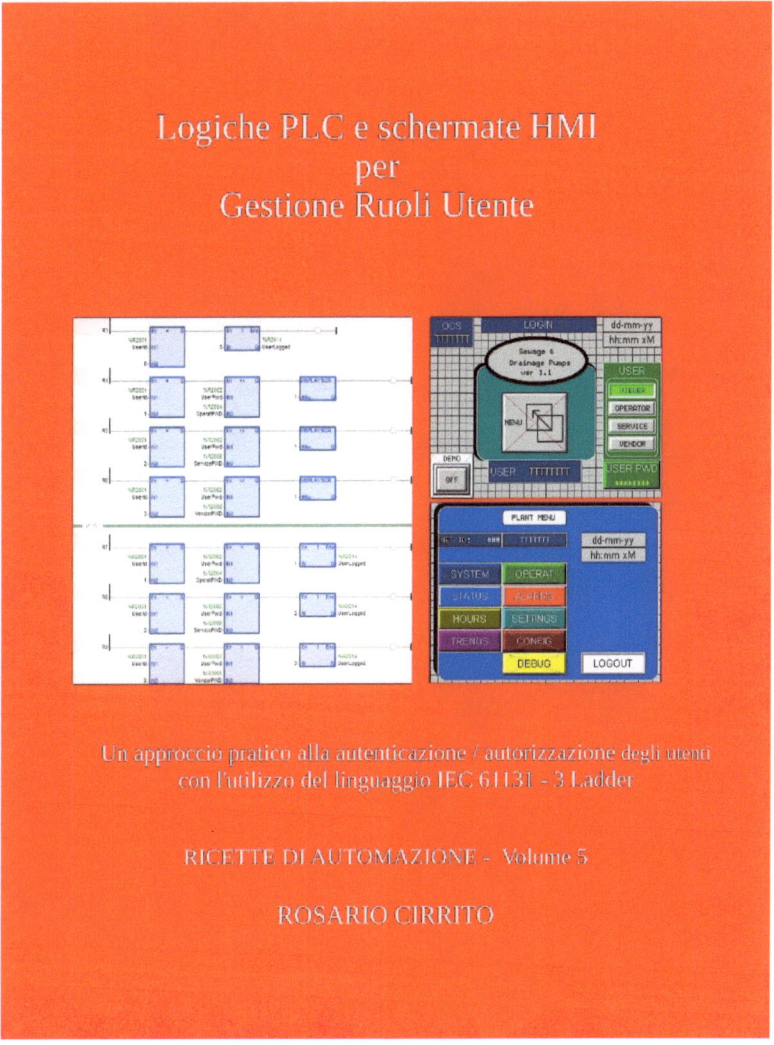

5) PLC - HMI Ricette per Automazione Impianti: La più completa raccolta delle migliori soluzioni IEC 61131-3 per l'automazione di impianti tecnologici (RICETTE DI AUTOMAZIONE Quaderno 6)

nonché quelli della collana "Automazione degli impianti tecnologici", anche essi disponibili nei due formati Kindle e cartaceo

1) PLC - HMI per Stazioni di sollevamento acque reflue e meteoriche: Una guida completa all'hardware e software IEC 61131-3 necessari per l'implementazione di una stagione di pompaggio equipaggiata con quattro pompe sommergibili

(AUTOMAZIONE DEGLI IMPIANTI TECNOLOGICI Volume 1)

2)PLC - HMI per Gruppi di Pressurizzazione: Logiche IEC 61131-3 e schermate HMI per l'automazione di un gruppo con quattro elettropompe

(AUTOMAZIONE DEGLI IMPIANTI TECNOLOGICI Vol. 2)

A tutti un augurio sincero di buon lavoro!

www.ingramcontent.com/pod-product-compliance
Lightning Source LLC
Chambersburg PA
CBHW051914210526
45473CB00006B/2002